KB269816

SUDOKU

초급×중급

두뇌가 좋아지는

The 모두의 스도쿠

스프링북

두뇌가 좋아지는

The 모두의 스도쿠 스프링북 초급×중급

초판인쇄 | 2026년 1월 2일
초판발행 | 2026년 1월 9일

지 은 이 | 스도쿠 크리에이터
펴 낸 이 | 고명흠
펴 낸 곳 | 랜딩북스

출판등록 | 2019년 5월 21일 제2019-000050호
주　　소 | 서울시 서대문구 세검정로1길 93, 벽산아파트 상가 A동 304호
전　　화 | (02)356-8402 / FAX (02)356-8404
E-MAIL | landingbooks@daum.net
홈페이지 | www.munyei.com

ISBN 979-11-91895-43-8 (13410)

스도쿠 이해하기

세로줄

	1	9	5			7		6
6			1	9			3	8
				7		2		
	3	4			5			1
9		1	8				5	
5	2				3			
		6	7	8			2	
						9		
1		2	6			4		

가로줄

스도쿠는 가로와 세로가 각각 아홉 칸으로 이루어진 큰 사각형에 1에서 9까지의 숫자가 일부 채워진 상태로 시작합니다. 퍼즐을 완성하려면 아홉 칸으로 이루어진 작은 사각형(□, 3×3), 가로줄과 세로줄(⬚)의 각 칸에 1에서 9까지의 숫자를 중복없이 채워 넣어야 합니다.

일부 채워져서 보이는 숫자들을 잘 살펴보고 각 빈칸에 들어갈 숫자를 알아내세요. 처음에는 확실한 숫자부터 채워나갑니다. 처음부터 빈칸을 다 채우려고 하면 오히려 헷갈려요. 반대로 한눈에 봐도 자리가 확정된 숫자들이 있는데, 그걸 먼저 채우면 퍼즐이 서서히 풀리기 시작합니다.

다음으로 작은 사각형(3×3)을 기준으로 보는 습관을 들여야 합니다. 처음엔 가로줄과 세로줄만 보게 되는데, 사실 중요한 건 작은 사각형

(3×3) 안에 1에서 9까지의 숫자가 중복되지 않도록 채우는 거예요. 이걸 의식하면서 보면 빈칸의 숫자가 좀 더 쉽게 보입니다.

❶ 3×3의 작은 사각형 안에 1~9까지의 숫자가 중복되지 않게 채운다.
❷ 가로줄, 세로줄에도 1~9까지 숫자가 중복되지 않게 채운다.
❸ 모든 3×3의 작은 사각형, 가로줄, 세로줄에 1~9까지 중복되는 숫자없이 모든 칸 안에 하나의 숫자가 들어가야 한다.

Tip 3×3의 작은 사각형이나 가로줄, 세로줄에서 빈칸이 가장 적은 사각형들을 먼저 채워 나가면 퍼즐을 쉽게 풀어나갈 수 있다.

스도쿠 푸는 방법

1 작은 사각형, 가로줄, 세로줄 확인하기

스도쿠의 시작은 작은 사각형(3×3), 가로줄, 세로줄을 분석하는 데 있습니다.

예를 들어, 하나의 작은 사각형(3×3)에 1, 2, 3, 4, 5의 숫자가 이미 들어가 있다면, 그 작은 사각형(3×3)의 나머지 칸에는 6, 7, 8, 9 중 어떤 숫자가 들어갈 수 있는지를 결정할 수 있습니다. 이처럼 각 빈칸에 들어갈 수 있는 숫자를 고려하는 것은 문제 해결에 큰 도움이 됩니다.

1) 3×3의 작은 사각형 푸는 방법

가의 작은 사각형에서 **A**, **B**에 들어갈 수 있는 숫자를 찾아보자. 가의 작은 사각형에 들어갈 수 있는 숫자는 2와 8이 남아 있다.

A의 세로줄에 이미 2가 있으므로 **B**에 2가 들어가야 한다. 그러므로 **A**에는 8이 들어가야 한다.

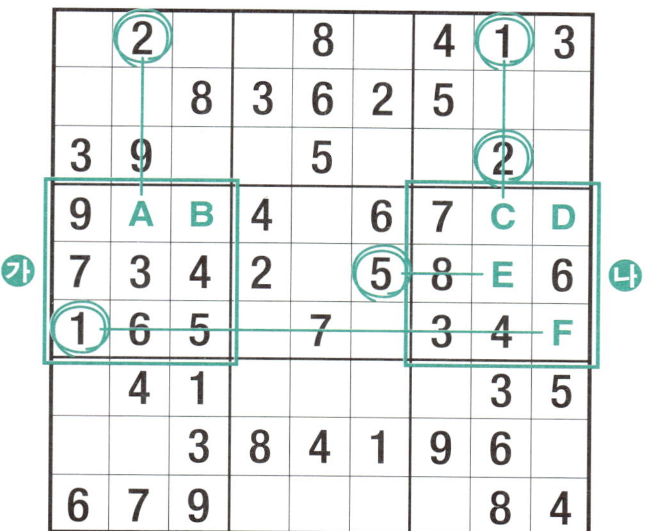

나의 작은 사각형에서 C, D, E, F에 들어갈 수 있는 숫자를 찾아보자. 나의 작은 사각형에 들어갈 수 있는 숫자는 1, 2, 5, 9가 남아 있다.

1이 들어가야 할 자리는 C, E의 세로줄과 F의 가로줄에 이미 1이 있으므로 D에 1이 들어가야 한다.

2가 들어가야 할 자리는 C, E의 세로줄에 이미 2가 있으므로 F에 2가 들어가야 한다.

5가 들어가야 할 자리는 E의 가로줄에 이미 5가 있으므로 C에 5가 들어가고, 나머지 9는 E에 들어가게 된다.

2) 가로줄과 세로줄 푸는 방법

가의 가로줄 A, B에 들어갈 수 있는 숫자를 찾아보자. 가의 가로줄에 들어갈 수 있는 숫자는 8과 9가 남아 있다.

A의 세로줄에 이미 8이 있으므로 B에 8이 들어가며 나머지 9는 A에

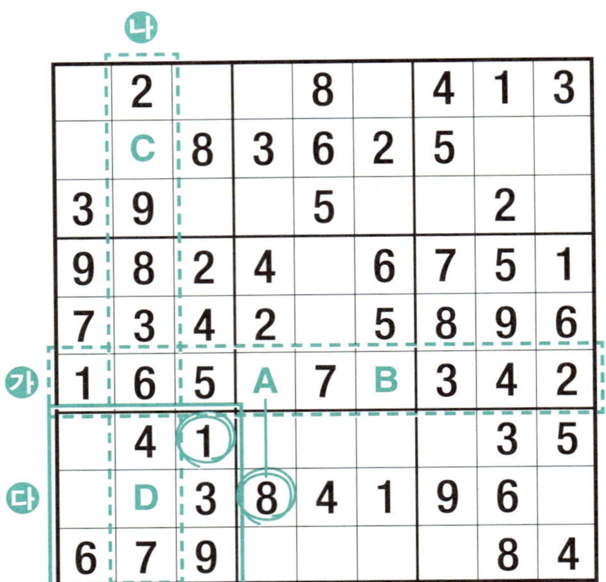

들어가게 된다.

나의 세로줄 C, D에 들어갈 수 있는 숫자를 찾아보자. 나의 세로줄에 들어갈 수 있는 숫자는 1과 5가 남아 있다.

다의 작은 사각형에 이미 1이 들어가 있으므로 C에 1이 들어가며 나머지 5는 D에 들어가게 된다.

3) 홀짝 스도쿠와 X 스도쿠 푸는 방법

이 책에는 스페셜 스도쿠로 '홀짝 스도쿠'와 'X 스도쿠'가 수록되어 있습니다. 일반적인 9×9 스도쿠를 푸는 방법으로 풀 수 있지만 다음의 규칙이 추가됩니다.

홀짝 스도쿠는 ○가 표시된 칸에는 홀수, △가 표시된 칸에는 짝수만 들어가야 합니다.

X 스도쿠는 색칠된 두 대각선의 칸에도 1~9까지의 숫자가 중복없이 들어가야 합니다.

2 후보 숫자 적어두기

초보자에게 가장 추천하는 방법 중 하나는 퍼즐을 풀다가 막히면 빈칸에 들어갈 후보 숫자를 적어두는 것입니다. 이렇게 하면, 특정 칸에 들어갈 수 있는 숫자의 범위를 줄이는 데 효과적입니다.

예를 들어, 특정 빈칸에 7과 8이 들어갈 수 있는 숫자라면, 그 칸에 작은 글씨로 적어두고 다른 숫자들과의 관계를 살펴보세요. 각 칸에 적어둔 후보 숫자를 통해 어떤 숫자가 들어갈 수 있는지를 파악할 수 있습니다. 이 과정은 처음에는 다소 번거롭게 느껴질 수 있지만, 반복하면서 훨씬 더 익숙해질 것입니다.

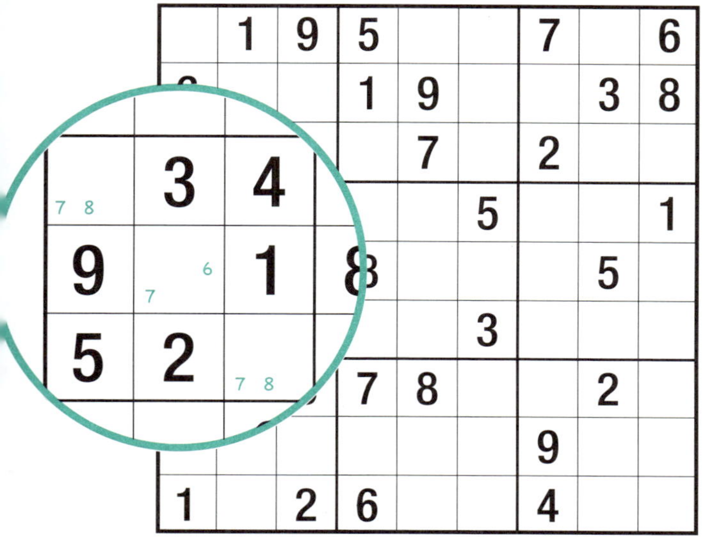

③ 적절히 휴식하기

스도쿠 문제를 풀다가 잠시 멈추어 생각을 정리할 필요가 있습니다. 이를 통해 퍼즐 전체를 다시 검토하고 새로운 관점을 발견할 수 있습니다. 때로는 문제에 갇힌 상태에서 벗어나 잠시 휴식이 필요합니다.

④ 시간제한 두기

스도쿠 문제를 풀 때 시간을 체크하고 시간제한을 두는 연습을 합니다. 일정 시간 내에 퍼즐을 푸는 연습을 하면서 보다 효율적으로 문제를 해결하는 능력을 키울 수 있습니다. 초기에는 여유롭게 시간을 두고 생각하며 문제를 풀다가, 점차 빠른 속도로 문제를 해결하는 것을 목표로 하는 것입니다. 제한된 시간이 주어지면, 긴박감 속에서도 논리적인 사고를 유지하는 데 도움이 됩니다.

⑤ 다양한 난이도 도전하기

스도쿠를 더욱 잘 풀기 위해서는 다양한 난이도의 퍼즐을 시도하는 것이 중요합니다. 쉬운 문제부터 시작하여 점차 어려운 문제로 넘어갈 때 자신의 발전을 느낄 수 있습니다. 초기에는 쉬운 문제로 감을 익히고, 중간 및 어려운 난이도로 넘어갈 때는 보다 분석적인 사고가 필요하다는 것을 깨닫게 될 것입니다. 이렇게 하면 스도쿠에 대한 자신감을 키우고, 실력을 단계적으로 증진시킬 수 있습니다.

스도쿠는 단순한 숫자 퍼즐이 아니며, 깊은 사고와 전략적 접근이 필요한 도전적 게임입니다. 초보자라 하더라도 앞에서 언급한 방법을 통해 문제 해결 능력을 기를 수 있습니다. 한 문제씩 차근차근 풀어보며, 스도쿠가 주는 재미와 보람을 느껴보길 바랍니다. 지적으로 도전하는 과정을 통해 머리도, 마음도 한층 성장하게 될 것입니다. 스도쿠를 통해 문제 해결 능력을 기르고, 삶의 여러 도전들에 대해 보다 자신감 있게 접근할 수 있기를 기원합니다.

초급×중급

The 모두의 스도쿠

스프링북

초급

001

Date : . .

Time :

		7		2		3	6	
3	4	5		8	7			1
1					3			4
	1	4	5	7	2		3	8
2	3	9	8	6	1	5		7
			4	3		1	2	
9		2			6	4	8	3
	8					6	1	9
4	6							2

정답 164p

Date : . .

Time :

	5	9	1			2		8
	7	1			8	9		
2					9	1		5
6							4	
	2	4		1		3		9
8		3	7		2		1	6
9		6	2	7	1			3
1	4	2	3			8	9	
5		7	9	8	4	6	2	

정답 164p

초급

003

Date : . .

Time :

	1			4	9	3		5
5			2			8	4	9
		4	8	3				
				9		4		1
4	9	1	3	8			5	7
7	6	2	4		1	9	8	3
6			1	7	4			2
		3		2		6	9	4
			9	6	3	7		

정답 164p

Date : . .

Time :

2			9	6		1		8
	9	3			8	2		
	8					9		
1	5	4		8	6	7	9	
		7	4	5	9			1
8		9	7	1	2	4	5	
	1	6	8		7	5	2	
			6		1	3	8	7
			5	2	4			9

정답 164p

Date : . .

Time :

6	1		4					
5	8	4		3	2	9	6	
7	3			5	9	1	8	4
4						5		2
	5		2	4	7		9	6
	9				3	4		1
1	2	5			6		4	8
	7		8	1		3		
	4	3	7	2			1	

정답 164p

Date : . .

Time :

			8			3		2
6	2			4				
	1	7	2	3	6			4
1	8			7	5	2		
	9	5		2		1	4	8
	3		1		8			6
3		8	9	5		7		
5			7	8	1	6	3	9
9	7			6		4	8	5

정답 164p

Date : . .

Time :

7			2	4				6
2		8		5	9			3
	6			1		2	8	4
			9	6		4		5
	5	2		3			6	
3		6	4	8		7	1	
6		3	1	7	4		5	8
1		4		9		6	2	7
	7	5				3		1

정답 165p

Date : . .

Time :

7			1			4	9	3
5			3	4	6			
4	1	3	9	7	8		5	
	5	1			7		4	
			5	8	1			7
	7	8					2	1
8	9	4	7		5			6
		7	4		9		8	5
1	6		8		3	9	7	

정답 165p

Date : . .   Time :

	4			8		7	6	5
	6				1			
					7	2	3	
	7	3	4		5	6	9	8
	2		9	1		3		4
	8	4	3			1	5	
5			8	9		4		7
2	9	7	1		4			3
4	1	8		5	3		2	6

정답 165p

초급

010

Date : . .

Time :

		8		2	4		3	6
			9	3		5		
6	3	1		7		4	2	9
3	6	4			5	8		
	5			8		6	1	
		7	6			2	5	
1	7	5	3	6	2		4	8
4					7	1	6	5
		6	4			3	7	

정답 165p

Date : . .

Time :

7		3	8		2	6	5	
			4		1		7	
9	6	1		7			2	
	9				7	3		2
6		4	3	2	5	1	8	9
1		2	9			7		5
		7	1	5		2		
4				3	8	5		6
		6		4	9	8		7

정답 165p

초급

012

Date : . .

Time :

1		5	7	6	8	4	9	
4	7	2	5					6
8								
		8						3
5	2	4			3	6		
	1		8			9	4	
2		1	6	8	5	3		9
3						5		4
	5		3			8	2	1

정답 165p

Date : . .   Time :

	6				4	2	1	5
		2		1	5		8	
			6	8	2	9	4	7
		9	2	4			5	
7		5				3		6
	2					4		8
2		4	1	3	6			
			4		8	1	6	
		6		2				

정답 166p

Date : . .

Time :

5	1							6
	2		4		6	5	3	
			5				4	
3		8					7	
	5	9		3	7	8		
	4			5	1			3
	9	5	1	4	3		6	7
2		1		6				
	7	6		2	5		1	8

정답 166p

Date : . .

Time :

4			2		1			9
	5				9	4		6
9			4	6			5	
	1			4	5	8		3
	6		3					4
	4			1	2			7
			1	8		2		5
5		8						
		3		2	6	7		8

정답 166p

Date : . .

Time :

	6	1		5			4	
8	2	3	6					
5		4		1			8	2
1	7	9			4		3	6
			1	3				4
	3				8	5		1
9	8		2		7	4	1	
3			4		5	9	6	
6	4		3		1		5	

정답 166p

초급

017

Date : . .

Time :

	4		9	7	8	1	5	
8	2							
1	9				3	6		
	6		2			8	7	
3					4			1
7	1			9	5		2	6
2	3	6	1		9	7		5
		8	6			4		3
		1			7			9

정답 166p

Date : . . Time :

8	6	1			5	7		
			8			9		
		2					3	
7	2	5	4		9	6		1
	3		2	5				
9	8	4	1	7	6			
3	5			2		1		9
2		7		8	1	5		3
6		9		4	3		7	8

정답 166p

Date : . .

Time :

3	6		8	2		5	1	
9		1	4				8	3
		8				4		
8	3			9	4			1
7	9		6		1			
1				7		6		8
				4		1	3	2
4				6	8	9	7	
5		7	1	3			4	

정답 167p

초급

020

Date : . .

Time :

6	5	2			7	8		3
		7	6			1	5	2
9	8	1		5		7		
	2		7	6	5			1
	6					5		
3	1	5	9		4		8	7
		8	5		6	3		
			3		2	9	1	8
1		3		8	9		6	5

정답 167p

Date : . .

Time :

	3	4		7	9	1		5
	6	1					4	
5	2			8		6		9
2	7						9	1
1					6			
		3			7	5		2
6				5		9		3
3	4	9		6	8		5	
7			2				8	

정답 167p

Date : . .

Time :

			5	1			3	4
			4	6	7	9		2
4		8					5	6
		5	8	7	4	2		
2			9			3		8
	9			3		5	6	7
7		9	1		5	6		
	8	3	6		2	4		
5	2	6			3		1	9

정답 167p

Date : . .

Time :

3		2			4		5	
6	7			9	5		3	
	9	1			2			8
8	5	3				7	4	9
9					8			
		7						
			9	2			8	4
4			5	1	3		9	
7		9			6			1

정답 167p

Date : . .

Time :

4				1	2			9
3					8	5		
		7				1	6	
		6			9		8	
	1	3	6	7			2	
2		9	1			3		6
6	3		8		1	7		4
	5	4	3					8
1			4		7	6	5	

정답 167p

Date : . .

Time :

3	9	4				6		5
		1	4					
					3	7		1
9	3		1	6	2			4
1		7	5		8	3		2
	2			7			9	
7	6	9						
		3		4		2	8	
		2	6	3			5	7

정답 168p

초급

Date : . .

Time :

	4		2		1	7		3
5	1					9		6
3	7		8			1		
9			1		6			
2		6	3			5		7
			5	8				9
		1	7	3	4	2	6	
7	2	5		1	8		9	
4		3	9			8	7	

정답 168p

Date : . .

Time :

	1			8			5	
9				5				
	5	7	2			3	1	6
					2	5		8
3		8		6			7	2
		2		9			4	1
2	3	5		1	4	8	6	7
1			7	3			2	5
		4	8	2	5			3

정답 168p

Date : . .　　Time :

	8	1	6		3			5
	5			8				2
	3			1	9		8	6
	1		2		4			
			3	9	6	1		
3	9	6						7
	4	3		6	5	8	2	
8	6	5					3	1
		2	1	3		5	6	4

정답 168p

Date : . .

Time :

3	1	2	4		5			7
6			1				2	9
		9				1	4	
	2			3			7	
9	4		8	2				3
5			7	1	9			2
		5		4			3	
1	9	8		7	3		5	4
	3	6			1		9	8

정답 168p

Date : . .

Time :

1	5	2		7		6		3
		7	5	9			2	
6	4					5		
2			8			7	6	5
	9			5	7			1
		5			1	9	4	
	1	4	6	8		3	5	
	6	3			4		8	9
7	2			3		4		

정답 168p

Date : . .

Time :

1			2					8
2					4	5		9
7	4			8	6	2	1	
				2				
6				4	9		2	
	9	2		5	1	8	3	7
	6	1				3	5	2
3			9	6	5	4		1
5		4				9	8	6

정답 169p

Date : . .

Time :

	2		1	3				
	9		7	5	4			
	1	5		2			9	3
	3			6	8	4		2
	4	6			2		7	
	8		4			3		6
3	7	4			1			
		1	6	4	7		3	9
2		9		8	3		4	7

정답 169p

Date : . .

Time :

3	1			7	6			8
7					4		2	
		9	3	5	8	6	7	1
6						5		7
8	7	1	6				4	9
5		4	8					3
		8		1	2		3	
4		2	7					6
	3		4	6				2

정답 169p

Date :　　.　　.

Time :

7			8			6		
2	9					4		7
3		6	9		7			
8	7	5			9		1	
	3		4					5
	1	9	3	7	5	2	6	
			7	9		1		
		7	6	5	3			9
		3						2

정답 169p

Date : . .

Time :

8	5	7	2	6			3	
		1				9		7
4	9				3			
		9	6	3	4			5
	8			2	7			
		5			1			
		2				7	1	
	1				8		4	9
			4	1	2	3		6

정답 169p

Date : . .　Time :

7	1	9		2			3	5
		2		8		1		
		3		1	7	9		
				9				3
		4		7	2		1	9
	7			3	5	4	8	
1	6	8	7		3	2	9	
	3		9	4	1			
	9	5	2			3	7	

정답 169p

Date : . .　　Time :

	8	5	4	9				
	7	3		1	2	5		
9		6	7	8		4		
		4	1					
5		7		2	8	1		4
2			9	6		3		7
7		1				2		
3		2		7	1	9	4	
8				4		7	1	3

정답 170p

Date :　　　.　　.

Time :

	8	3			9			2
9	5				2	3	8	
				1		5		
	7						2	
	4			2	7	6		8
2		8	1	9		7		4
6	3		9		1			
5	1		2	3		8	7	
8		2	4	7	5		6	3

정답 170p

Date : . .

Time :

		1	6		4	2		7
	2	9	3		7	4		
		6				3	8	
1		2				7	3	9
				2	1	6		
6			4		3	1		
		4	5	1	6		7	
	1	7	2		9	8		4
9	6	3	7	4	8			1

정답 170p

초급

040

Date : . .

Time :

				7		4	8	2
	3	7		2	1		5	6
2		6	9	8	5	1		
	1	2						
	7	4					2	5
	6	8		4	7	3		
	9		1	6	2		3	8
				5	4			9
					3			

정답 170p

초급 041

Date : . .

Time :

1	4							7
		3			8	2	9	1
	9	7			1			
9	1	6		2			7	
					7	8	6	
7	8		6		4		1	
8		9				1	2	5
4	3		2	1	9			
	2	1	7		5	9	4	3

정답 170p

Date : . .

Time :

3	8			9	5		6	
		5		4			8	9
				3		7		
5		9	6				4	1
6			2		3	9	5	8
	1							7
	9	8		7	4	5	2	6
	6		5	2		1	9	3
2		3			1	8		

정답 170p

Date : . .

Time :

	5					2		
3		6		1	7	4	5	
	9		4		5	8	1	3
1	2	5					9	8
	4					7	3	
	3	7	8		1		4	2
	6		1	7		3		4
2				4	8		7	
8			9	5				6

정답 171p

Date : . .

Time :

	4			5		1		8
8		6		9				4
5				8	1		2	9
	3		2	7	4			
		1	9	3		7	6	
7		8	1	6		4		2
	6		8					7
1	5	9			7			3
	8	7	5				4	6

정답 171p

Date :　　　.　　.

Time :

	9		3		1	8	4	6
	1		8		4		2	5
	3	4		9		1		
9			1	8	5	4	6	
	8		4		7	2		9
	6	5	7			3	9	
2					9	6	7	8
		9	2	6			1	4

정답 171p

Date : . .   Time :

			5		3		9	1
1		4		8	7	6		
9	8	5	1	2		4	7	
6	4	3	7	1		2	5	8
7							3	4
5				3	2			
3			8				6	2
		1		6			8	9
8		6	3	9				

정답 171p

Date : . .

Time :

5						9	4	
	8	1			9	5		3
4	9	6	2	3		7		
		4		8	6			
		7	5		3			4
	6	5	1			3		8
	4	9	6			8		7
6	7	8	9	4		2		
1				7		4		

정답 171p

초급

048

Date : . .

Time :

	7	8						
		1	9			6	4	8
3	9		8	4	1			2
7				2		9		
			4			2	3	1
1		2	6	3	9	4	8	
9			7			5		6
	6	7			5	8	9	4
8			2					

정답 171p

Date :　　.　　.　　Time :

	3		9			1		8
4		8	7				3	
6	2		8	3	1			
				7		6		
	5	7	4		6			
8					2		4	7
1	7			4	9	5		6
		6				7		
5		4		8			2	1

정답 172p

Date :   .   .   Time :

5			2			8		
				5	8		9	2
	6	2						
	2			6	3		7	
				2	4	9	1	3
9	8	3		7	1		4	6
3	9	5	1	4				
6	7			8	5		2	9
	4	8		9			3	5

정답 172p

초급

051

Date :   .   .

Time :

	9	1				7		8
8					9	5	6	3
				7		1	9	
		4	2			8	7	
5	2		6	3		4	1	
	1	7	9	8	4			5
				2	1	6	3	
	8	6		9	3	2	5	
2			7				8	

정답 172p

Date : . .

Time :

	1	2		4	8			
				2			5	
8	7	4		5		3		
				6		2		
			4	7	1	6	9	5
4		7	2	9	5	1	8	
					6		1	9
	8	9	7	1	4	5		
7	5	1			2	8		4

정답 172p

Date : . .

Time :

			3	7	1		4	8
8	9		2					
	3	4	6					
		9		4		7		
5	7		8	2	3		1	9
	1	8	7				3	2
9	6	3	4		2		5	7
	8	1			7		9	
7				8	6	3		

정답 172p

Date :　　　.　　.

Time :

	5	2		4		3	7	
6	4	3	8				9	
1		7	3					8
	1	5			8	2		
				6	4	8		7
		8						
2	3		1	5		9	8	6
5		1	6	9				4
9	7			8	2	1	3	

정답 172p

Date : . .

Time :

5	2	8		6				
	1		2			5		
	9	7			5	2	1	4
8						4	6	1
	4	2		5		8		9
	3				8	7	2	
9				3				
2	8	4			6			3
	7		4	9		6		8

정답 173p

Date : . .

Time :

	3			1				
				9	6	5	2	3
		9	7	3		4	1	
4		2		5				
3	5			8	1	2	7	4
7			3	2		9	5	6
9		5						
8			5	4	2			
	4		1			6		

정답 173p

Date : . .

Time :

		4						
8			6					
7		2		5	3			8
	7	6	5	1		4		2
		5	7	6			1	
	1		3	2	4	6		7
		1		9	7	8		5
		3	8			7	6	
5	8	7			6	9	2	4

정답 173p

초급

Date : . .

Time :

8	2	4				7		9
5	6			7			3	8
		7			2			4
	3	8	2	6				
6			8	3	4			5
2	4	5	1	9	7			6
		6		2	8	4	7	3
7	5				3			1
4	8		7		9		6	2

정답 173p

Date : . .

Time :

	4	8		2			5	
5		3		1	4		6	
1	9				7			4
6	1	2				8		7
		4					3	6
				6	1	9	2	5
8				5				
			2	7	6		1	
		5		4	8			3

정답 173p

Date : . .

Time :

9		8	3	4				2
5			1	7	2			
2				8			1	
4	6	9			7		3	1
			6		4	9	8	5
3				9				4
8	3		9	6				
	5	4		1			2	9
7			4		3	8	5	6

정답 173p

Date : . .

Time :

					4	5	8	9
1	8	6	7			4	3	2
	4		3	8		1		
								7
2		5	4				1	3
3	6				1	9	4	
	7		2		3			8
9	5		1	6		3		
6	3	2			8		5	1

정답 174p

Date : . .

Time :

	4	8				1		
				4	7			8
		1	2	6		5	9	
		6	3		2		4	
	3	5	4	1	9			6
4	2		6	8		7		
		3	7	2	1	4		
8	1	4			6	2		7
				5		6	3	1

정답 174p

Date :　　　.　　.　　　Time :

	6	8	3	4			2	
3		1				9		4
2					6	3		
8		6	9	1	2		3	5
	7	2		3		6	4	
5						8		
	1	7	4	8	3			6
4				9	5		7	8
		5			1	4		3

정답 174p

Date :   .   .

Time :

5		2	4		8			7
6	3	7					5	4
			7	6		9	3	
7	8	3	1		2		4	9
9	2							
	1	6			7		2	5
	7		6					
2				7	3			6
8		1	5	9				

정답 174p

Date : . .
Time :

	2				3	8		
1	6						9	5
5					8		6	
	1	6	4		9			7
		5		6				
4		2			5	6	8	1
2	5		8	3			4	
6			9		4	5		
8		9			6			

정답 174p

초급

066

Date : . .

Time :

7		6			2		5	1
	5				4			7
4						3	8	2
5		4			6			8
					7	1	3	9
		9	2	3			6	
	4	5	7		3			6
8		3			1	9	7	
			8				4	

정답 174p

Date : . .　　Time :

	2					8	4	
			3		8		2	
5		8					1	3
7	8				3	4		
9			2			6		
1	5			4	6	3		7
		5	1	3	2			4
					5	2	3	8
	7	3		8				

정답 175p

Date :　　　.　　.　　Time :

1				3	8			
	5				2	4		
9	2		4			3	8	
		2	3	7				8
		5			4	1	3	2
6	8		1	2	9		4	5
2			5	6			9	
5	7	9	8			6	2	3
8	3			9				

정답 175p

Date : . .

Time :

	1			3		6		
	7		6		5			4
5				4				
	9		4			2	8	
		2		8			9	1
6			1		2	5	3	7
	3	5	2	6	8	1		9
	4	8	3				6	5
9			5		4	3	2	8

정답 175p

Date : . .   Time :

6		1				2		
9							6	3
	4						7	5
4	3				2	6		1
	2	6	3			9	8	4
5				1	4			7
	1	9		8	5			6
3	6			4	9	7	1	
7		4	1	6	3			2

정답 175p

Date : . .

Time :

	8				4	3		2
2	3		8					5
4	9	5				8	6	7
		7	9			5		
9	1			4	5	6	7	
5	4		7		8	1	2	9
	5				7	2		6
3	2	4		8				
6		9	1	5		4	8	

정답 175p

Date : . .

Time :

	1	7			3	9	5	
3					2		4	
9	6	4		1		2	7	
1	5			4	7	8		
	7	2	1					5
			2	8	5		1	
	2			9		7		
6	4	8	7	2		5	3	9
7				5		6	2	

정답 175p

Date : . .

Time :

			8	2				6
9	4	2	1		7	8	5	
3		4			6			
		6	5				4	9
		5	4	7	1	6	3	
4		9	6		5	3		2
5	3			9	8	1		
6	2					9		

정답 176p

초급

Date : . .

Time :

3		5			8			
	7	6	5	3	2			1
2			6	7				
9							3	
8		3	2	5		1	9	
7		4	9	1				
5				2	1			6
1	8	7			5	2	4	
6	4	2	8	9			1	5

정답 176p

Date : . .

Time :

1	3	7						6
9		2	7		6		1	
5		6		3			7	
			1	5		6	2	9
2	5	9	8	6	4			
3		1	9			8	5	
		8			2			5
		3	5		8	2	6	
				1	9	3	4	

정답 176p

Date : . .

Time :

8			2	4	9			
	2	9					1	
3	4	6		8			9	
	8		3	9	5	1	7	
		3			1	9	8	
1			4					
9	3	8	6	5		7	4	
			9			8	5	3
4		5		7		2		

정답 176p

Date : . .

Time :

5			3		4			
3	9			8				4
		6		7		5	3	
			6	3	7	1	5	
7			4	9	8	3		2
		3		5	1	8		7
	4	9		6		2	7	
			9					5
	5		7	4		6	9	1

정답 176p

Date : . .

Time :

4	8				9		2	
1	6	2		5		7		
9				7				8
2	7	8			3	9	1	6
	9				2		4	3
		4			6	2		
		1		9	5	6		
7	2		8	6				
	3		1		7		8	4

정답 176p

Date : . .

Time :

3					6			8
	7	5	1		2		4	9
			5				2	
			6			5	9	3
	9				3			4
2	3	4		5		1	8	6
1	2	3	9				6	
6			2	8	1	9		
	5			6	7	4	1	2

정답 177p

Date : . .   Time :

5		8	6	7				
9	1	6		2			5	4
7			1	9	5		6	
					3		1	5
4			5		9			7
1		9			2	6		
	9		8	3	6	5	7	1
					1			
6	8		9		7		3	

정답 177p

SPECIAL SUDOKU

★ **홀짝 스도쿠** : ○가 표시된 칸에는 홀수, △가 표시된 칸에는 짝수만 채워져야 합니다.

Date :　　　.　　.　　　　Time :

	○	5			△	8	7	1
1	3		9	2		6		
		△		5			3	2
		2			6			8
9	7	6	2	△			○	4
△			5		1	2		
	5				○	7		6
3	2	7	6		5			
6		9	8	7	2	○	5	3

정답 177p

SPECIAL SUDOKU

★ **홀짝 스도쿠** : ○가 표시된 칸에는 홀수, △가 표시된 칸에는 짝수만 채워져야 합니다.

Date :   .   .   Time :

7	3	8			5	9	1	2
○	9	1		7		△		
	6			1		○	7	3
	4	7		5	△	6	3	
6			3					4
1	8			9			5	7
9		4			△	3	6	○
	7		9		○	4		8
	△			3			9	1

정답 177p

SPECIAL SUDOKU

★ **홀짝 스도쿠** : ○가 표시된 칸에는 홀수, △가 표시된 칸에는 짝수만 채워져야 합니다.

Date :　　　.　　.　　　Time :

4		2				1		
	9			8	7	△		4
5	7	3		4	2	9	8	
		7	4	6	1			3
	3	8	2		○			○
9		1	3		8	6	△	
8			6	2	3	4	7	
	6	9			4			△
3	2	4		○			6	8

정답 177p

SPECIAL SUDOKU

★ **홀짝 스도쿠** : ○가 표시된 칸에는 홀수, △가 표시된 칸에는 짝수만 채워져야 합니다.

Date :　　　.　　.　　　　Time :

△		6	9	3		4		
	9		6	5	○			
		7	2				9	△
8		3	1	6	○		7	
9	6		3	7			1	2
	5		8	4		3	6	
	7			8	3		2	
1	△	2	5		6		4	3
		5	7	2		○		

정답 177p

SPECIAL SUDOKU

★ **홀짝 스도쿠** : ○가 표시된 칸에는 홀수, △가 표시된 칸에는 짝수만 채워져야 합니다.

Date :   .   .

Time :

8		2			3	4		○
	4	6		5			8	
			7			3		
△		1		3	9		○	
	3	9	1	7		2		8
	8			6	2	1	3	
2		3	9	△		6		
4	5			○	6			△
	6	8	4	2		7	1	3

정답 178p

초급

SPECIAL SUDOKU

★ **X 스도쿠** : 색칠된 두 대각선의 칸에도 1~9까지의 숫자가 중복없이 채워져야 합니다.

Date : . .   Time :

		1	9	3	7		8	
5		2		1	8	9	7	
			2		5	3		
		5	1		2			
	7	4		8	3		2	9
	2	9	4	7	6			
7	4	6	3	2		5		8
2				5		7		6
9		8		6	1	4	3	2

정답 178p

SPECIAL SUDOKU

★ X 스도쿠 : 색칠된 두 대각선의 칸에도 1~9까지의 숫자가 중복없이 채워져야 합니다.

Date : . .   Time :

1					3	7	4	
			6	7	1		8	3
2	3		8	5		6		9
								8
8	7	2		4		3		1
9		3		8	6	5		7
	5	9		1	2	8	3	
6			7		8	9		4
3	8		5			1	7	2

정답 178p

★ **X 스도쿠** : 색칠된 두 대각선의 칸에도 1~9까지의 숫자가 중복없이 채워져야 합니다.

Date : . .

Time :

	9							8
1			2	5	7	9	4	3
7	4		3		8			6
9		8			1	2		
4	7				2		8	
5	2				4	6	7	
8		7	6	4		1	3	2
			1	2	5		9	
		9	8		3	4		

정답 178p

SPECIAL SUDOKU

★ X 스도쿠 : 색칠된 두 대각선의 칸에도 1~9까지의 숫자가 중복없이 채워져야 합니다.

Date : . .　　Time :

								1
1	9	7		8			3	
	5		1	3		7		6
			3	1	6	9		7
	7			5	2	4		3
6	2			9	7			
3			5	4	8			
7	8				3	5	1	
2	6	5	9	7		3	4	8

정답 178p

★**X 스도쿠** : 색칠된 두 대각선의 칸에도 1~9까지의 숫자가 중복없이 채워져야 합니다.

Date : . .   Time :

3	7	4		5	8	9		6
			9		6	4		
				4		1	3	
5	1	2	8					
		6		9		2	7	1
9	3	7	2	6	1		4	
	6	3				7		
4	8		3	1				
7	5		6	2	9			4

정답 178p

Date : . .

Time :

9	4			7	2	6		1
		6	9		4			
	5	2		6				4
	8				3	7		
			6	5			4	
2	6	4	7					
				4	5	9	1	
	7		1	8	6		2	
		1	2		7			

정답 179p

Date : . .

Time :

3	7	6		9	5	2	4	1
4						5	7	
2			1	4				3
5			7				2	6
		9	4		2		1	5
						8		4
		3	5		4			
						4		
		8	6	1			5	

정답 179p

Date : . .

Time :

2					4			
		6			7	1		
8		4					2	
			1	7	6	8	9	
6	8	3	5		2			7
	7	9				2		
9				6				
7	6	8	2		3			1
	3						6	

정답 179p

Date : . .

Time :

2	4				9			
	6	8		2	5		3	9
	3		1					
6	9		2	5		8		7
7			9		8		2	
			6					5
		5	7	6		2	9	
	1	6		4		3		
		2						6

정답 179p

Date : . .

Time :

1								7
6			8		7		4	2
3		7	2			6		
			5		2		7	8
	6	5			8	2		
2			7				1	
8			9		5	7		4
	7		4					
		3				8		

정답 179p

Date : . .

Time :

2	4		6		5	3		
	6	5	3			8		1
		8	4		9		2	6
	8		7	5	1			
1		6					5	
7			2					8
	3	2	1	6		4		
5						6		3
	1	4						

정답 179p

Date : . .

Time :

	7	8			4		9	
	5					8		
6					9		7	
3	1	2	7	9	5	4	6	8
9	8			4		7	3	
	4		6		8	1		9
		3	5	8		9		
	2					6	5	7
5	9	7	4					

정답 180p

Date : . .

Time :

		8	5		7		1	6
7	4	5	6	9	1	8		3
	1		3					
8				4		5		
				3	6			4
4	2			7				
6		4	2			1	8	
5		9	4	1				
		2	7			9		5

정답 180p

Date : . .

Time :

2	1			3	5	8		9
		7	9				6	
9	5		6					2
		4	3		8	9	2	
5		9				7		6
7	3			6		4		
8				1	6	2		
			2		3	1		
			8			6		

정답 180p

Date : . .

Time :

2		6		8	3	4		7
5	3	1	2	7				
7				1	9		5	
	1	2	9		7		6	5
9								
4		5				3	7	
			7	9	5			8
8	7			6	2			
					8			1

정답 180p

Date : . .

Time :

	3		1			8	7	4
2					8			
					7		6	2
7					5		9	
							8	
4	6		8	1		5	3	
6		8		5	3	7		
9		4			6		2	5
		5		9				

정답 180p

중급

102

Date :　　.　　.　　　Time :

	5			6				9
2				5				
9						8	5	4
				1	6	7	4	
				7		9	1	5
1		2		4	5		6	
6			7	2	3		8	1
7		1	5		4			
4		8						3

정답 180p

Date : . .   Time :

7	2	8				9	4	1
	1	3	9	7	8		2	6
9				2	1	3		7
		9			4			3
6	3	7			5	4	1	2
		1			2			
	7	6						
3	5		2			1		
8	9		1		7	6		5

정답 181p

중급 104

Date : . .

Time :

	4			3		6	8	
		1						3
			7	6				
4		2		7		9		6
	9	8	1	5	4			7
7					2			
	8		3			7	1	5
		6	5	8		2	3	
		4			7	8		

정답 181p

Date : . .

Time :

9		5		1			6	2
		2		9	5			
3	6	4	2			9	1	
2	3	6	4	7				1
	8			3			4	
5	4					3	9	6
	5				2			
	2	1	9	6		7	5	
7		3			1	6		

정답 181p

Date : . .

Time :

		2					5	6
	9	8		3				
		1		7			8	2
5	7		4	2				
3	8				6		2	
1		9	7		5			4
						5		8
	4		1	6				3
				5	8	4		

정답 181p

중급

107

Date : . .

Time :

3		5		8			2	
2	1			5	9			7
6		4	2				5	1
4			5	1				
	2	9		4				
		3			2	1		
	4		9					3
5		6	3			9		
9	3			2		6	7	4

정답 181p

Date : . .

Time :

			5					9
				9				
4	9				6	8	7	
9				5		6		
		5	1		3			7
	4	7					5	
	8	1	4	2			3	6
6					1			8
3	5	4		6			2	

정답 181p

Date : . .

Time :

3								7
		1			3	4	8	
2	4	8					3	5
	1			7	2		5	
5		2	6					1
				9			6	8
	3		1	2	9		4	6
		4					7	
1		5						3

정답 182p

Date : . .

Time :

9			8			7		5
	8			9	4	1	6	
4	6	5				8	3	
		9	6			5	8	7
2	7	4			5		1	
6				1	7	4		
		7	1				9	
3		6	4	5		2	7	
		1			9	3		

정답 182p

Date : . .

Time :

	7	8			2	3	1	
5			1	6	3	7		8
		2	8	4	7			
			3	5				
1	2	5				9		
	6	3			9		8	5
	9			3	8	2	5	
		6					3	
8		7						9

정답 182p

Date : . .

Time :

	3	1		9			8	7
			1					
	4	8		3			5	
	2			4	1	6	9	
		3			6			
		4				7		
		2		1		3	7	
3				8		9		5
	7	9				8		4

정답 182p

Date : . .

Time :

3	1			2	7		4	6
2				3	4			
		7		6		9		
1	7					3	9	
9	3	6			5		2	
	2		8	7	9	6		3
		1		4		2		5

정답 182p

Date : . .

Time :

				7				
2				8	1		7	
	5	7		2				4
5				9	7		1	8
	7				8		9	5
	8		6	1		3		
9		2						
	6	5				7	4	
	3			6		9		

정답 182p

Date : . .

Time :

		4	3			7		5
		3				1		
5	8		9					
9		1			3	4		
	3					5	9	1
6					9			8
	1			2	8	6		4
	5				4			
			5		1		7	3

정답 183p

Date : . .

Time :

						8		9
			4		5			7
2								
				8	6		4	
3		4		1		7		5
6		7	5	4	3			
	5	2		7		3		1
		3	1					8
7	1				8	6		

정답 183p

Date : . .

Time :

3		1						9
			5					
	7			9				
		2					8	
		7	1	8		9		
		5	7		9	1		6
5			9		7		6	1
7	1			6	4			5
	8		3	5				4

정답 183p

중급

118

Date : . .

Time :

					7		2	4
6	8					5		9
	9	2			6	7		8
	2							
9		1		5	3		6	
3				6				2
	3	9	4		5	1		
		4	6		1		7	
1					9		4	

정답 183p

Date : . .

Time :

9		6		3	8		4	
				7				
8			6	4		3		
			4		6	9	5	
			3				7	
	2	9	5			1		
			9			6		
6		7					2	
4				6		8	3	

정답 183p

중급

120

Date :　　　.　　.

Time :

		8	2		3			7
6	1	3					2	4
2		7		5	6			
	8			3				9
		1					8	
			6	8		1		
1	7	9					5	2
		5	1		4	3		
	4	6				9		

정답 183p

Date : . .

Time :

5	2			1	6			7
	3				8			
		8		4	2			
4					7	5	2	
			6	3				4
	5	1	4	2	9	8		
	9		8		4	7	3	
7		6						
		3				6		8

정답 184p

Date :   .   .

Time :

7	1				5		2	
					2		7	3
2	4		6			9		5
	7			2				8
	3				8	4	6	
8	5		3		4	2	1	
					3	5		6
5				4		7		2
			5		9			

정답 184p

Date : . .

Time :

		5	8			1	6	
				5		8		3
	8	4			1		2	
	9		1		2	5		
			7		9		3	
		1		4			8	
	1					2		
5			4	1	3			7
	4							

정답 184p

Date : . .

Time :

		5		4			9	8
			2		9		4	6
	3			8				
6			8	7			2	9
					5		7	
				3		6	1	
		6					8	
8		1			3	4	6	
	2			6		1		7

정답 184p

중급

Date : . .

Time :

			4	5				6
		8				3	4	5
	1	4	6			9		
9		3				1	7	2
					5			4
							9	3
7				4	3	6		
	9	2	5	8	6			
		5	7					

정답 184p

Date : . .

Time :

			8	5				
	4				1		7	
	7		3				2	
	3			1			6	5
	5					4	3	
9	8						1	
		1		7		3		2
8	9		2		3			
5	2		1		4		8	

정답 184p

Date :   .   .

Time :

	2	9				3	7	
	3	1			8			
	6	5					4	2
			5			9		
					2			4
2			6	3	4			5
			1	4	5	2	9	
9					7			
5		7	8	2		1		

정답 185p

Date : . .

Time :

8				2		3		
		5	7					
				3		6		7
9	4	3	2			7		8
		6			3	5		1
	5	8						
4				6	2		3	
5		2		1	8			4
	9			4		2		

정답 185p

Date : . .

Time :

				7			8	
1		2				4		
6	4							7
3						7		8
	1	4		6	8		3	
		7	9	5			1	
4	8	3	1				6	5
				2	5	9		
2						8		1

정답 185p

Date : . .

Time :

		2			9			
6	1							
		5	6	1			2	
4							5	
2		6	7		4			1
				8		7		2
5	9	1	2					8
7			8	5		2	9	4
				6		5		

정답 185p

SPECIAL SUDOKU

★ **홀짝 스도쿠** : ○가 표시된 칸에는 홀수, △가 표시된 칸에는 짝수만 채워져야 합니다.

Date : . .

Time :

○	7		○	9				2
			5			3		
		1	3	6	7	9	△	
		2		8		7		3
△	5	8	7			1	9	
	4	7	9		6	5		
	1			5			3	
		△			4	8	5	1
2	8		6				○	9

정답 185p

SPECIAL SUDOKU

★ **홀짝 스도쿠** : ○가 표시된 칸에는 홀수, △가 표시된 칸에는 짝수만 채워져야 합니다.

Date :   .   .   Time :

6		1		8	2			4
	3	8		7				
	9				3		2	
			○	4	8	1		△
	○	5		2	9	6		7
4		7		5	1	9		
	8	6		9				○
		△		3		△		
3	4			1	7	2		

정답 185p

중급

SPECIAL SUDOKU

★ **홀짝 스도쿠** : ○가 표시된 칸에는 홀수, △가 표시된 칸에는 짝수만 채워져야 합니다.

Date : . .　　Time :

		9	3	1		8		2
	△			2	4			
4		1				○		7
6		8			5			○
9	1	7		△				3
		△				9		
	3	5	6	○				4
2	7		1	5				
		6		7	3		8	5

정답 186p

SPECIAL SUDOKU

★ **홀짝 스도쿠** : ○가 표시된 칸에는 홀수, △가 표시된 칸에는 짝수만 채워져야 합니다.

Date : . .

Time :

5					4	△		6
	2	6			1	8		
4		7	8	△				1
		5	2	6		9		
	○	8	4		7	6	3	5
		3		9				4
8		2	3			△		○
		4		8		7		
	6		○			3	5	

정답 186p

SPECIAL SUDOKU

★ **홀짝 스도쿠** : ○가 표시된 칸에는 홀수, △가 표시된 칸에는 짝수만 채워져야 합니다.

Date : . . Time :

		○				1	6	9
	5		7		6		3	△
	9	8	△					
	8		1		7	2	4	
	1		○				9	△
7		2	5	4	9		8	
	4				2		1	
○	3	7	8		1		2	4
5			6					8

정답 186p

SPECIAL SUDOKU

★ **홀짝 스도쿠** : ○가 표시된 칸에는 홀수, △가 표시된 칸에는 짝수만 채워져야 합니다.

Date : . . Time :

3							5	
		○		○			9	1
8		4	5	6	1			
△		8			5	7		
					2		3	4
	3	9	4	○	7	8		
7		1		4		9	6	
9	△		1				8	
6				8			△	2

정답 186p

SPECIAL SUDOKU

★ **홀짝 스도쿠** : ○가 표시된 칸에는 홀수, △가 표시된 칸에는 짝수만 채워져야 합니다.

Date :   .   .

Time :

3		5			7		6	
			2	4	6			1
	4		3		9	8		○
5			4	8				△
4	7			△		2	1	
	9		1		3			8
	1		○			6		9
			7	9	8	○		5
△		9	6				7	

정답 186p

★ **홀짝 스도쿠** : ○가 표시된 칸에는 홀수, △가 표시된 칸에는 짝수만 채워져야 합니다.

Date :   .   .   Time :

1			3		5	8		7
			2					3
○	8	△		7	9		2	
6	△		8	1	4			
			○				△	6
	7					2		4
	5	8	7		6		4	
7			○			9	5	8
	1	4				6		

정답 186p

SPECIAL SUDOKU

★ **홀짝 스도쿠** : ○가 표시된 칸에는 홀수, △가 표시된 칸에는 짝수만 채워져야 합니다.

Date : . .

Time :

○				7	△	5	2	
		9	8	1		7	6	
5		6			4	9		
7		△			2			9
	4	3	7	8		2		6
		1		9				8
	9	2	3	6		△	○	
	1	○		2				
8				5	9	3		

정답 187p

SPECIAL SUDOKU

★ **홀짝 스도쿠** : ○가 표시된 칸에는 홀수, △가 표시된 칸에는 짝수만 채워져야 합니다.

Date :　　　.　　.　　　Time :

8	1	○			6			5
		3		5		4	△	
		6	○		7	1		
1					2		8	9
7			○			6		
		8	7		3	△		4
	2	5		3	1		4	
	6			9		5		
			△				3	6

정답 187p

SPECIAL SUDOKU

★X 스도쿠 : 색칠된 두 대각선의 칸에도 1~9까지의 숫자가 중복없이 채워져야 합니다.

Date :   .   .   Time :

5						7	3	
				7	8	1	9	4
8			1				5	
6			3			8		7
		8		4	7	5	6	2
	4				2			9
			7		3			5
		2			1			
3			8		9		7	1

정답 187p

★X 스도쿠 : 색칠된 두 대각선의 칸에도 1~9까지의 숫자가 중복없이 채워져야 합니다.

Date :　　　.　　　.　　　　Time :

		2					6	8
			2				9	
9		1		7	3			
	4		5		2	8		
		7	4		1			
		3		8		1	4	
	6	5	8	9			1	
2	1				5		8	
3	7			2	6			

정답 187p

SPECIAL SUDOKU

★X 스도쿠 : 색칠된 두 대각선의 칸에도 1~9까지의 숫자가 중복없이 채워져야 합니다.

Date : . .

Time :

		4						
7	2		5					8
9	8		3			2	6	
			8			4		3
	4	7				9		
		1	6		7	8		
				7	3	6		2
6					8	3	9	
5	3	9	1		6			

정답 187p

★**X 스도쿠** : 색칠된 두 대각선의 칸에도 1~9까지의 숫자가 중복없이 채워져야 합니다.

Date :　　　.　　.　　　　Time :

1		5			6		7	
								4
		2	9	5	8			6
		7		9		2	6	5
6			2	4		7		1
2							9	
3			5	6				
	7		1	3		6	5	
				7		1	3	

정답 187p

중급

SPECIAL SUDOKU

★X 스도쿠 : 색칠된 두 대각선의 칸에도 1~9까지의 숫자가 중복없이 채워져야 합니다.

Date : . .

Time :

9					5	8	7	
	2	3					1	
	8	7			3	9	2	
			1		4	3		
				8	2			
			7				4	8
		6	4		7	5		
7	5	4		2	9	6		
	3	8			1			

정답 188p

SPECIAL SUDOKU

★ **X 스도쿠** : 색칠된 두 대각선의 칸에도 1~9까지의 숫자가 중복없이 채워져야 합니다.

Date : . .   Time :

			2		9			
	3	7					4	2
			5			8		
		4			5	2		
7		1			4	6		9
		9		3			1	
8				9				6
6			4	5		7	8	
	7		3		8		2	4

정답 188p

SPECIAL SUDOKU

★X 스도쿠 : 색칠된 두 대각선의 칸에도 1~9까지의 숫자가 중복없이 채워져야 합니다.

Date : . .

Time :

			7			3		4
		4				2	9	5
2				8	5		6	1
			6	1			5	
						1	4	
	6				9	8		
	5	1				4		
	8				4	6		9
6	4	9		7	1		3	8

정답 188p

SPECIAL SUDOKU

★X 스도쿠 : 색칠된 두 대각선의 칸에도 1~9까지의 숫자가 중복없이 채워져야 합니다.

Date : . .

Time :

1	6							
3		9			5		6	
2	5				9	3	8	7
	2	6		8				3
	4		3					5
					7		4	
	1		2	6			7	8
				5	8			4
		3	4		1		2	6

정답 188p

SPECIAL SUDOKU

★ **X 스도쿠** : 색칠된 두 대각선의 칸에도 1~9까지의 숫자가 중복없이 채워져야 합니다.

Date :　　　.　　.　　　　Time :

	1	2			8		3	
	6			3		7	1	
	5			7			2	8
					3		4	
1			7			8	9	
				5	4			
4		7	3		5	1	8	6
	8		1			3		2
5	3						7	9

정답 188p

★X 스도쿠 : 색칠된 두 대각선의 칸에도 1~9까지의 숫자가 중복없이 채워져야 합니다.

Date : . .

Time :

		7						4
3					2		1	
4	2		1			3		
	9		7					
		3		2	6	1		
8					3		7	
1	3			7	4		2	
	5	8		6	1		4	3
			5	3	9		6	1

정답 188p

BONUS SUDOKU

Date : . .

Time :

					5	3		
5	4	8			9			
2			7	8	4		5	
	5	1		2	6			3
9	3					5	6	
			9		3			7
1		6	5					
	2						4	
4		9		6		8		

정답 189p

BONUS SUDOKU

Date : . .

Time :

3		7						
			2		5			
	4		9	7			8	
4		5						1
8	7		1				2	
2			7			8	3	
				2			9	4
9		6		1				8
5					9		6	2

정답 189p

BONUS SUDOKU

Date : . .

Time :

			4				3	
	7			6				
2	4		7	5	3			
					7	3		
		6			9			7
		7					4	2
	8		2	7	6			3
1		9		3				8
	3		8		1	5		

정답 189p

초급×중급

정답

스프링북

001

8	9	7	1	2	4	3	6	5
3	4	5	6	8	7	2	9	1
1	2	6	9	5	3	8	7	4
6	1	4	5	7	2	9	3	8
2	3	9	8	6	1	5	4	7
5	7	8	4	3	9	1	2	6
9	5	2	7	1	6	4	8	3
7	8	3	2	4	5	6	1	9
4	6	1	3	9	8	7	5	2

002

4	5	9	1	6	7	2	3	8
3	7	1	5	2	8	9	6	4
2	6	8	4	3	9	1	7	5
6	1	5	8	9	3	7	4	2
7	2	4	6	1	5	3	8	9
8	9	3	7	4	2	5	1	6
9	8	6	2	7	1	4	5	3
1	4	2	3	5	6	8	9	7
5	3	7	9	8	4	6	2	1

003

8	1	7	6	4	9	3	2	5
5	3	6	2	1	7	8	4	9
9	2	4	8	3	5	1	7	6
3	5	8	7	9	2	4	6	1
4	9	1	3	8	6	2	5	7
7	6	2	4	5	1	9	8	3
6	8	9	1	7	4	5	3	2
1	7	3	5	2	8	6	9	4
2	4	5	9	6	3	7	1	8

004

2	7	5	9	6	3	1	4	8
6	9	3	1	4	8	2	7	5
4	8	1	2	7	5	9	3	6
1	5	4	3	8	6	7	9	2
3	2	7	4	5	9	8	6	1
8	6	9	7	1	2	4	5	3
9	1	6	8	3	7	5	2	4
5	4	2	6	9	1	3	8	7
7	3	8	5	2	4	6	1	9

005

6	1	9	4	7	8	2	5	3
5	8	4	1	3	2	9	6	7
7	3	2	6	5	9	1	8	4
4	6	7	9	8	1	5	3	2
3	5	1	2	4	7	8	9	6
2	9	8	5	6	3	4	7	1
1	2	5	3	9	6	7	4	8
9	7	6	8	1	4	3	2	5
8	4	3	7	2	5	6	1	9

006

4	5	9	8	1	7	3	6	2
6	2	3	5	4	9	8	1	7
8	1	7	2	3	6	9	5	4
1	8	6	4	7	5	2	9	3
7	9	5	6	2	3	1	4	8
2	3	4	1	9	8	5	7	6
3	6	8	9	5	4	7	2	1
5	4	2	7	8	1	6	3	9
9	7	1	3	6	2	4	8	5

007

7	3	1	2	4	8	5	9	6
2	4	8	6	5	9	1	7	3
5	6	9	3	1	7	2	8	4
8	1	7	9	6	2	4	3	5
4	5	2	7	3	1	8	6	9
3	9	6	4	8	5	7	1	2
6	2	3	1	7	4	9	5	8
1	8	4	5	9	3	6	2	7
9	7	5	8	2	6	3	4	1

008

7	8	6	1	5	2	4	9	3
5	2	9	3	4	6	7	1	8
4	1	3	9	7	8	6	5	2
6	5	1	2	3	7	8	4	9
9	4	2	5	8	1	3	6	7
3	7	8	6	9	4	5	2	1
8	9	4	7	1	5	2	3	6
2	3	7	4	6	9	1	8	5
1	6	5	8	2	3	9	7	4

009

3	4	1	2	8	9	7	6	5
7	6	2	5	3	1	8	4	9
8	5	9	6	4	7	2	3	1
1	7	3	4	2	5	6	9	8
6	2	5	9	1	8	3	7	4
9	8	4	3	7	6	1	5	2
5	3	6	8	9	2	4	1	7
2	9	7	1	6	4	5	8	3
4	1	8	7	5	3	9	2	6

010

5	9	8	1	2	4	7	3	6
7	4	2	9	3	6	5	8	1
6	3	1	5	7	8	4	2	9
3	6	4	2	1	5	8	9	7
2	5	9	7	8	3	6	1	4
8	1	7	6	4	9	2	5	3
1	7	5	3	6	2	9	4	8
4	2	3	8	9	7	1	6	5
9	8	6	4	5	1	3	7	2

011

7	4	3	8	9	2	6	5	1
2	5	8	4	6	1	9	7	3
9	6	1	5	7	3	4	2	8
8	9	5	6	1	7	3	4	2
6	7	4	3	2	5	1	8	9
1	3	2	9	8	4	7	6	5
3	8	7	1	5	6	2	9	4
4	2	9	7	3	8	5	1	6
5	1	6	2	4	9	8	3	7

012

1	3	5	7	6	8	4	9	2
4	7	2	5	3	9	1	8	6
8	6	9	1	2	4	7	3	5
7	9	8	4	1	6	2	5	3
5	2	4	9	7	3	6	1	8
6	1	3	8	5	2	9	4	7
2	4	1	6	8	5	3	7	9
3	8	7	2	9	1	5	6	4
9	5	6	3	4	7	8	2	1

013

9	6	8	3	7	4	2	1	5
4	7	2	9	1	5	6	8	3
5	3	1	6	8	2	9	4	7
6	8	9	2	4	3	7	5	1
7	4	5	8	9	1	3	2	6
1	2	3	5	6	7	4	9	8
2	5	4	1	3	6	8	7	9
3	9	7	4	5	8	1	6	2
8	1	6	7	2	9	5	3	4

014

5	1	4	3	7	2	9	8	6
9	2	7	4	8	6	5	3	1
6	8	3	5	1	9	7	4	2
3	6	8	2	9	4	1	7	5
1	5	9	6	3	7	8	2	4
7	4	2	8	5	1	6	9	3
8	9	5	1	4	3	2	6	7
2	3	1	7	6	8	4	5	9
4	7	6	9	2	5	3	1	8

015

4	8	6	2	5	1	3	7	9
2	5	1	7	3	9	4	8	6
9	3	7	4	6	8	1	5	2
7	1	9	6	4	5	8	2	3
8	6	2	3	9	7	5	1	4
3	4	5	8	1	2	9	6	7
6	7	4	1	8	3	2	9	5
5	2	8	9	7	4	6	3	1
1	9	3	5	2	6	7	4	8

016

7	6	1	8	5	2	3	4	9
8	2	3	6	4	9	1	7	5
5	9	4	7	1	3	6	8	2
1	7	9	5	2	4	8	3	6
2	5	8	1	3	6	7	9	4
4	3	6	9	7	8	5	2	1
9	8	5	2	6	7	4	1	3
3	1	2	4	8	5	9	6	7
6	4	7	3	9	1	2	5	8

017

6	4	3	9	7	8	1	5	2
8	2	5	4	1	6	9	3	7
1	9	7	5	2	3	6	4	8
5	6	9	2	3	1	8	7	4
3	8	2	7	6	4	5	9	1
7	1	4	8	9	5	3	2	6
2	3	6	1	4	9	7	8	5
9	7	8	6	5	2	4	1	3
4	5	1	3	8	7	2	6	9

018

8	6	1	3	9	5	7	2	4
4	7	3	8	6	2	9	1	5
5	9	2	7	1	4	8	3	6
7	2	5	4	3	9	6	8	1
1	3	6	2	5	8	4	9	7
9	8	4	1	7	6	3	5	2
3	5	8	6	2	7	1	4	9
2	4	7	9	8	1	5	6	3
6	1	9	5	4	3	2	7	8

019

3	6	4	8	2	7	5	1	9
9	7	1	4	5	6	2	8	3
2	5	8	9	1	3	4	6	7
8	3	6	5	9	4	7	2	1
7	9	2	6	8	1	3	5	4
1	4	5	3	7	2	6	9	8
6	8	9	7	4	5	1	3	2
4	1	3	2	6	8	9	7	5
5	2	7	1	3	9	8	4	6

020

6	5	2	1	4	7	8	9	3
4	3	7	6	9	8	1	5	2
9	8	1	2	5	3	7	4	6
8	2	9	7	6	5	4	3	1
7	6	4	8	3	1	5	2	9
3	1	5	9	2	4	6	8	7
2	9	8	5	1	6	3	7	4
5	4	6	3	7	2	9	1	8
1	7	3	4	8	9	2	6	5

021

8	3	4	6	7	9	1	2	5
9	6	1	5	3	2	7	4	8
5	2	7	4	8	1	6	3	9
2	7	6	3	4	5	8	9	1
1	5	8	9	2	6	3	7	4
4	9	3	8	1	7	5	6	2
6	8	2	7	5	4	9	1	3
3	4	9	1	6	8	2	5	7
7	1	5	2	9	3	4	8	6

022

9	6	2	5	1	8	7	3	4
3	5	1	4	6	7	9	8	2
4	7	8	3	2	9	1	5	6
6	3	5	8	7	4	2	9	1
2	1	7	9	5	6	3	4	8
8	9	4	2	3	1	5	6	7
7	4	9	1	8	5	6	2	3
1	8	3	6	9	2	4	7	5
5	2	6	7	4	3	8	1	9

023

3	8	2	1	7	4	9	5	6
6	7	4	8	9	5	1	3	2
5	9	1	6	3	2	4	7	8
8	5	3	2	6	1	7	4	9
9	4	6	7	5	8	2	1	3
2	1	7	3	4	9	8	6	5
1	6	5	9	2	7	3	8	4
4	2	8	5	1	3	6	9	7
7	3	9	4	8	6	5	2	1

024

4	6	5	7	1	2	8	3	9
3	2	1	9	6	8	5	4	7
9	8	7	5	4	3	1	6	2
5	7	6	2	3	9	4	8	1
8	1	3	6	7	4	9	2	5
2	4	9	1	8	5	3	7	6
6	3	2	8	5	1	7	9	4
7	5	4	3	9	6	2	1	8
1	9	8	4	2	7	6	5	3

025

3	9	4	8	1	7	6	2	5
2	7	1	4	5	6	8	3	9
8	5	6	9	2	3	7	4	1
9	3	8	1	6	2	5	7	4
1	4	7	5	9	8	3	6	2
6	2	5	3	7	4	1	9	8
7	6	9	2	8	5	4	1	3
5	1	3	7	4	9	2	8	6
4	8	2	6	3	1	9	5	7

026

6	4	8	2	9	1	7	5	3
5	1	2	4	7	3	9	8	6
3	7	9	8	6	5	1	4	2
9	5	7	1	2	6	4	3	8
2	8	6	3	4	9	5	1	7
1	3	4	5	8	7	6	2	9
8	9	1	7	3	4	2	6	5
7	2	5	6	1	8	3	9	4
4	6	3	9	5	2	8	7	1

027

4	1	3	6	8	7	2	5	9
9	2	6	1	5	3	7	8	4
8	5	7	2	4	9	3	1	6
6	9	1	4	7	2	5	3	8
3	4	8	5	6	1	9	7	2
5	7	2	3	9	8	6	4	1
2	3	5	9	1	4	8	6	7
1	8	9	7	3	6	4	2	5
7	6	4	8	2	5	1	9	3

028

4	8	1	6	2	3	9	7	5
6	5	9	4	8	7	3	1	2
2	3	7	5	1	9	4	8	6
5	1	8	2	7	4	6	9	3
7	2	4	3	9	6	1	5	8
3	9	6	8	5	1	2	4	7
1	4	3	7	6	5	8	2	9
8	6	5	9	4	2	7	3	1
9	7	2	1	3	8	5	6	4

029

3	1	2	4	9	5	8	6	7
6	5	4	1	8	7	3	2	9
7	8	9	3	6	2	1	4	5
8	2	1	5	3	4	9	7	6
9	4	7	8	2	6	5	1	3
5	6	3	7	1	9	4	8	2
2	7	5	9	4	8	6	3	1
1	9	8	6	7	3	2	5	4
4	3	6	2	5	1	7	9	8

030

1	5	2	4	7	8	6	9	3
3	8	7	5	9	6	1	2	4
6	4	9	1	2	3	5	7	8
2	3	1	8	4	9	7	6	5
4	9	6	2	5	7	8	3	1
8	7	5	3	6	1	9	4	2
9	1	4	6	8	2	3	5	7
5	6	3	7	1	4	2	8	9
7	2	8	9	3	5	4	1	6

031

1	5	6	2	9	3	7	4	8
2	8	3	7	1	4	5	6	9
7	4	9	5	8	6	2	1	3
8	1	5	3	2	7	6	9	4
6	3	7	8	4	9	1	2	5
4	9	2	6	5	1	8	3	7
9	6	1	4	7	8	3	5	2
3	2	8	9	6	5	4	7	1
5	7	4	1	3	2	9	8	6

032

7	2	8	1	3	9	5	6	4
6	9	3	7	5	4	8	2	1
4	1	5	8	2	6	7	9	3
1	3	7	9	6	8	4	5	2
5	4	6	3	1	2	9	7	8
9	8	2	4	7	5	3	1	6
3	7	4	2	9	1	6	8	5
8	5	1	6	4	7	2	3	9
2	6	9	5	8	3	1	4	7

033

3	1	5	2	7	6	4	9	8
7	8	6	1	9	4	3	2	5
2	4	9	3	5	8	6	7	1
6	2	3	9	4	1	5	8	7
8	7	1	6	3	5	2	4	9
5	9	4	8	2	7	1	6	3
9	6	8	5	1	2	7	3	4
4	5	2	7	8	3	9	1	6
1	3	7	4	6	9	8	5	2

034

7	5	4	8	2	1	6	9	3
2	9	1	5	3	6	4	8	7
3	8	6	9	4	7	5	2	1
8	7	5	2	6	9	3	1	4
6	3	2	4	1	8	9	7	5
4	1	9	3	7	5	2	6	8
5	4	8	7	9	2	1	3	6
1	2	7	6	5	3	8	4	9
9	6	3	1	8	4	7	5	2

035

8	5	7	2	6	9	1	3	4
2	3	1	8	4	5	9	6	7
4	9	6	1	7	3	5	8	2
1	2	9	6	3	4	8	7	5
3	8	4	5	2	7	6	9	1
7	6	5	9	8	1	4	2	3
5	4	2	3	9	6	7	1	8
6	1	3	7	5	8	2	4	9
9	7	8	4	1	2	3	5	6

036

7	1	9	4	2	6	8	3	5
6	5	2	3	8	9	1	4	7
8	4	3	5	1	7	9	2	6
5	2	1	8	9	4	7	6	3
3	8	4	6	7	2	5	1	9
9	7	6	1	3	5	4	8	2
1	6	8	7	5	3	2	9	4
2	3	7	9	4	1	6	5	8
4	9	5	2	6	8	3	7	1

037

1	8	5	4	9	3	6	7	2
4	7	3	6	1	2	5	9	8
9	2	6	7	8	5	4	3	1
6	3	4	1	5	7	8	2	9
5	9	7	3	2	8	1	6	4
2	1	8	9	6	4	3	5	7
7	4	1	5	3	9	2	8	6
3	6	2	8	7	1	9	4	5
8	5	9	2	4	6	7	1	3

038

7	8	3	6	5	9	4	1	2
9	5	1	7	4	2	3	8	6
4	2	6	3	1	8	5	9	7
3	7	5	8	6	4	9	2	1
1	4	9	5	2	7	6	3	8
2	6	8	1	9	3	7	5	4
6	3	7	9	8	1	2	4	5
5	1	4	2	3	6	8	7	9
8	9	2	4	7	5	1	6	3

039

3	5	1	6	8	4	2	9	7
8	2	9	3	5	7	4	1	6
4	7	6	1	9	2	3	8	5
1	4	2	8	6	5	7	3	9
7	3	5	9	2	1	6	4	8
6	9	8	4	7	3	1	5	2
2	8	4	5	1	6	9	7	3
5	1	7	2	3	9	8	6	4
9	6	3	7	4	8	5	2	1

040

1	5	9	3	7	6	4	8	2
8	3	7	4	2	1	9	5	6
2	4	6	9	8	5	1	7	3
9	1	2	5	3	8	6	4	7
3	7	4	6	1	9	8	2	5
5	6	8	2	4	7	3	9	1
4	9	5	1	6	2	7	3	8
6	8	3	7	5	4	2	1	9
7	2	1	8	9	3	5	6	4

041

1	4	8	9	3	2	6	5	7
5	6	3	4	7	8	2	9	1
2	9	7	5	6	1	4	3	8
9	1	6	8	2	3	5	7	4
3	5	4	1	9	7	8	6	2
7	8	2	6	5	4	3	1	9
8	7	9	3	4	6	1	2	5
4	3	5	2	1	9	7	8	6
6	2	1	7	8	5	9	4	3

042

3	8	1	7	9	5	4	6	2
7	2	5	1	4	6	3	8	9
9	4	6	8	3	2	7	1	5
5	3	9	6	8	7	2	4	1
6	7	4	2	1	3	9	5	8
8	1	2	4	5	9	6	3	7
1	9	8	3	7	4	5	2	6
4	6	7	5	2	8	1	9	3
2	5	3	9	6	1	8	7	4

043

4	5	1	3	8	9	2	6	7
3	8	6	2	1	7	4	5	9
7	9	2	4	6	5	8	1	3
1	2	5	7	3	4	6	9	8
9	4	8	5	2	6	7	3	1
6	3	7	8	9	1	5	4	2
5	6	9	1	7	2	3	8	4
2	1	3	6	4	8	9	7	5
8	7	4	9	5	3	1	2	6

044

9	4	2	3	5	6	1	7	8
8	1	6	7	9	2	3	5	4
5	7	3	4	8	1	6	2	9
6	3	5	2	7	4	8	9	1
4	2	1	9	3	8	7	6	5
7	9	8	1	6	5	4	3	2
3	6	4	8	2	9	5	1	7
1	5	9	6	4	7	2	8	3
2	8	7	5	1	3	9	4	6

045

7	9	2	3	5	1	8	4	6
4	5	8	9	2	6	7	3	1
3	1	6	8	7	4	9	2	5
5	3	4	6	9	2	1	8	7
9	2	7	1	8	5	4	6	3
6	8	1	4	3	7	2	5	9
1	6	5	7	4	8	3	9	2
2	4	3	5	1	9	6	7	8
8	7	9	2	6	3	5	1	4

046

2	6	7	5	4	3	8	9	1
1	3	4	9	8	7	6	2	5
9	8	5	1	2	6	4	7	3
6	4	3	7	1	9	2	5	8
7	1	2	6	5	8	9	3	4
5	9	8	4	3	2	7	1	6
3	5	9	8	7	4	1	6	2
4	7	1	2	6	5	3	8	9
8	2	6	3	9	1	5	4	7

047

5	2	3	8	1	7	9	4	6
7	8	1	4	6	9	5	2	3
4	9	6	2	3	5	7	8	1
9	3	4	7	8	6	1	5	2
8	1	7	5	2	3	6	9	4
2	6	5	1	9	4	3	7	8
3	4	9	6	5	2	8	1	7
6	7	8	9	4	1	2	3	5
1	5	2	3	7	8	4	6	9

048

4	7	8	5	6	2	3	1	9
5	2	1	9	7	3	6	4	8
3	9	6	8	4	1	7	5	2
7	3	4	1	2	8	9	6	5
6	8	9	4	5	7	2	3	1
1	5	2	6	3	9	4	8	7
9	1	3	7	8	4	5	2	6
2	6	7	3	1	5	8	9	4
8	4	5	2	9	6	1	7	3

049

7	3	5	9	2	4	1	6	8
4	1	8	7	6	5	2	3	9
6	2	9	8	3	1	4	7	5
9	4	2	1	7	8	6	5	3
3	5	7	4	9	6	8	1	2
8	6	1	3	5	2	9	4	7
1	7	3	2	4	9	5	8	6
2	8	6	5	1	3	7	9	4
5	9	4	6	8	7	3	2	1

050

5	3	9	2	1	7	8	6	4
4	1	7	6	5	8	3	9	2
8	6	2	4	3	9	7	5	1
1	2	4	9	6	3	5	7	8
7	5	6	8	2	4	9	1	3
9	8	3	5	7	1	2	4	6
3	9	5	1	4	2	6	8	7
6	7	1	3	8	5	4	2	9
2	4	8	7	9	6	1	3	5

051

3	9	1	5	6	2	7	4	8
8	7	2	1	4	9	5	6	3
4	6	5	3	7	8	1	9	2
9	3	4	2	1	5	8	7	6
5	2	8	6	3	7	4	1	9
6	1	7	9	8	4	3	2	5
7	5	9	8	2	1	6	3	4
1	8	6	4	9	3	2	5	7
2	4	3	7	5	6	9	8	1

052

5	1	2	3	4	8	9	7	6
9	3	6	1	2	7	4	5	8
8	7	4	6	5	9	3	2	1
1	9	5	8	6	3	2	4	7
3	2	8	4	7	1	6	9	5
4	6	7	2	9	5	1	8	3
2	4	3	5	8	6	7	1	9
6	8	9	7	1	4	5	3	2
7	5	1	9	3	2	8	6	4

053

6	5	2	3	7	1	9	4	8
8	9	7	2	5	4	1	6	3
1	3	4	6	9	8	2	7	5
3	2	9	1	4	5	7	8	6
5	7	6	8	2	3	4	1	9
4	1	8	7	6	9	5	3	2
9	6	3	4	1	2	8	5	7
2	8	1	5	3	7	6	9	4
7	4	5	9	8	6	3	2	1

054

8	5	2	9	4	6	3	7	1
6	4	3	8	7	1	5	9	2
1	9	7	3	2	5	6	4	8
4	1	5	7	3	8	2	6	9
3	2	9	5	6	4	8	1	7
7	6	8	2	1	9	4	5	3
2	3	4	1	5	7	9	8	6
5	8	1	6	9	3	7	2	4
9	7	6	4	8	2	1	3	5

055

5	2	8	1	6	4	3	9	7
4	1	3	2	7	9	5	8	6
6	9	7	3	8	5	2	1	4
8	5	9	7	2	3	4	6	1
7	4	2	6	5	1	8	3	9
1	3	6	9	4	8	7	2	5
9	6	5	8	3	7	1	4	2
2	8	4	5	1	6	9	7	3
3	7	1	4	9	2	6	5	8

056

5	3	4	2	1	8	7	6	9
1	8	7	4	9	6	5	2	3
6	2	9	7	3	5	4	1	8
4	9	2	6	5	7	8	3	1
3	5	6	9	8	1	2	7	4
7	1	8	3	2	4	9	5	6
9	7	5	8	6	3	1	4	2
8	6	1	5	4	2	3	9	7
2	4	3	1	7	9	6	8	5

057

1	3	4	9	8	2	5	7	6
8	5	9	6	7	1	2	4	3
7	6	2	4	5	3	1	9	8
3	7	6	5	1	9	4	8	2
4	2	5	7	6	8	3	1	9
9	1	8	3	2	4	6	5	7
6	4	1	2	9	7	8	3	5
2	9	3	8	4	5	7	6	1
5	8	7	1	3	6	9	2	4

058

8	2	4	3	5	6	7	1	9
5	6	9	4	7	1	2	3	8
3	1	7	9	8	2	6	5	4
9	3	8	2	6	5	1	4	7
6	7	1	8	3	4	9	2	5
2	4	5	1	9	7	3	8	6
1	9	6	5	2	8	4	7	3
7	5	2	6	4	3	8	9	1
4	8	3	7	1	9	5	6	2

059

7	4	8	6	2	9	3	5	1
5	2	3	8	1	4	7	6	9
1	9	6	5	3	7	2	8	4
6	1	2	3	9	5	8	4	7
9	5	4	7	8	2	1	3	6
3	8	7	4	6	1	9	2	5
8	6	1	9	5	3	4	7	2
4	3	9	2	7	6	5	1	8
2	7	5	1	4	8	6	9	3

060

9	1	8	3	4	6	5	7	2
5	4	3	1	7	2	6	9	8
2	7	6	5	8	9	4	1	3
4	6	9	8	5	7	2	3	1
1	2	7	6	3	4	9	8	5
3	8	5	2	9	1	7	6	4
8	3	2	9	6	5	1	4	7
6	5	4	7	1	8	3	2	9
7	9	1	4	2	3	8	5	6

061

7	2	3	6	1	4	5	8	9
1	8	6	7	9	5	4	3	2
5	4	9	3	8	2	1	7	6
8	1	4	5	3	9	2	6	7
2	9	5	4	7	6	8	1	3
3	6	7	8	2	1	9	4	5
4	7	1	2	5	3	6	9	8
9	5	8	1	6	7	3	2	4
6	3	2	9	4	8	7	5	1

062

6	4	8	5	9	3	1	7	2
9	5	2	1	4	7	3	6	8
3	7	1	2	6	8	5	9	4
1	8	6	3	7	2	9	4	5
7	3	5	4	1	9	8	2	6
4	2	9	6	8	5	7	1	3
5	6	3	7	2	1	4	8	9
8	1	4	9	3	6	2	5	7
2	9	7	8	5	4	6	3	1

063

7	6	8	3	4	9	5	2	1
3	5	1	8	2	7	9	6	4
2	9	4	1	5	6	3	8	7
8	4	6	9	1	2	7	3	5
1	7	2	5	3	8	6	4	9
5	3	9	7	6	4	8	1	2
9	1	7	4	8	3	2	5	6
4	2	3	6	9	5	1	7	8
6	8	5	2	7	1	4	9	3

064

5	9	2	4	3	8	1	6	7
6	3	7	2	1	9	8	5	4
1	4	8	7	6	5	9	3	2
7	8	3	1	5	2	6	4	9
9	2	5	3	4	6	7	8	1
4	1	6	9	8	7	3	2	5
3	7	4	6	2	1	5	9	8
2	5	9	8	7	3	4	1	6
8	6	1	5	9	4	2	7	3

065

9	2	7	6	5	3	8	1	4
1	6	8	7	4	2	3	9	5
5	3	4	1	9	8	7	6	2
3	1	6	4	8	9	2	5	7
7	8	5	2	6	1	4	3	9
4	9	2	3	7	5	6	8	1
2	5	1	8	3	7	9	4	6
6	7	3	9	1	4	5	2	8
8	4	9	5	2	6	1	7	3

066

7	8	6	3	9	2	4	5	1
3	5	2	1	8	4	6	9	7
4	9	1	6	7	5	3	8	2
5	3	4	9	1	6	7	2	8
2	6	8	5	4	7	1	3	9
1	7	9	2	3	8	5	6	4
9	4	5	7	2	3	8	1	6
8	2	3	4	6	1	9	7	5
6	1	7	8	5	9	2	4	3

067

3	2	7	5	9	1	8	4	6
6	4	1	3	7	8	5	2	9
5	9	8	6	2	4	7	1	3
7	8	6	9	1	3	4	5	2
9	3	4	2	5	7	6	8	1
1	5	2	8	4	6	3	9	7
8	6	5	1	3	2	9	7	4
4	1	9	7	6	5	2	3	8
2	7	3	4	8	9	1	6	5

068

1	6	4	7	3	8	2	5	9
3	5	8	9	1	2	4	7	6
9	2	7	4	5	6	3	8	1
4	1	2	3	7	5	9	6	8
7	9	5	6	8	4	1	3	2
6	8	3	1	2	9	7	4	5
2	4	1	5	6	3	8	9	7
5	7	9	8	4	1	6	2	3
8	3	6	2	9	7	5	1	4

069

4	1	9	8	3	7	6	5	2
8	7	3	6	2	5	9	1	4
5	2	6	9	4	1	8	7	3
1	9	7	4	5	3	2	8	6
3	5	2	7	8	6	4	9	1
6	8	4	1	9	2	5	3	7
7	3	5	2	6	8	1	4	9
2	4	8	3	1	9	7	6	5
9	6	1	5	7	4	3	2	8

070

6	7	1	5	3	8	2	4	9
9	5	2	4	7	1	8	6	3
8	4	3	9	2	6	1	7	5
4	3	7	8	9	2	6	5	1
1	2	6	3	5	7	9	8	4
5	9	8	6	1	4	3	2	7
2	1	9	7	8	5	4	3	6
3	6	5	2	4	9	7	1	8
7	8	4	1	6	3	5	9	2

071

7	8	6	5	9	4	3	1	2
2	3	1	8	7	6	9	4	5
4	9	5	2	1	3	8	6	7
8	6	7	9	2	1	5	3	4
9	1	2	3	4	5	6	7	8
5	4	3	7	6	8	1	2	9
1	5	8	4	3	7	2	9	6
3	2	4	6	8	9	7	5	1
6	7	9	1	5	2	4	8	3

072

2	1	7	4	6	3	9	5	8
3	8	5	9	7	2	1	4	6
9	6	4	5	1	8	2	7	3
1	5	3	6	4	7	8	9	2
8	7	2	1	3	9	4	6	5
4	9	6	2	8	5	3	1	7
5	2	1	3	9	6	7	8	4
6	4	8	7	2	1	5	3	9
7	3	9	8	5	4	6	2	1

073

1	6	8	3	5	4	2	9	7
7	5	3	8	2	9	4	1	6
9	4	2	1	6	7	8	5	3
3	7	4	9	8	6	5	2	1
8	1	6	5	3	2	7	4	9
2	9	5	4	7	1	6	3	8
4	8	9	6	1	5	3	7	2
5	3	7	2	9	8	1	6	4
6	2	1	7	4	3	9	8	5

074

3	9	5	1	4	8	7	6	2
4	7	6	5	3	2	9	8	1
2	1	8	6	7	9	4	5	3
9	2	1	7	8	6	5	3	4
8	6	3	2	5	4	1	9	7
7	5	4	9	1	3	6	2	8
5	3	9	4	2	1	8	7	6
1	8	7	3	6	5	2	4	9
6	4	2	8	9	7	3	1	5

075

1	3	7	2	9	5	4	8	6
9	4	2	7	8	6	5	1	3
5	8	6	4	3	1	9	7	2
8	7	4	1	5	3	6	2	9
2	5	9	8	6	4	1	3	7
3	6	1	9	2	7	8	5	4
6	1	8	3	4	2	7	9	5
4	9	3	5	7	8	2	6	1
7	2	5	6	1	9	3	4	8

076

8	5	1	2	4	9	6	3	7
7	2	9	5	3	6	4	1	8
3	4	6	1	8	7	5	9	2
2	8	4	3	9	5	1	7	6
5	6	3	7	2	1	9	8	4
1	9	7	4	6	8	3	2	5
9	3	8	6	5	2	7	4	1
6	7	2	9	1	4	8	5	3
4	1	5	8	7	3	2	6	9

077

5	7	8	3	2	4	9	1	6
3	9	1	5	8	6	7	2	4
4	2	6	1	7	9	5	3	8
2	8	4	6	3	7	1	5	9
7	1	5	4	9	8	3	6	2
9	6	3	2	5	1	8	4	7
1	4	9	8	6	5	2	7	3
6	3	7	9	1	2	4	8	5
8	5	2	7	4	3	6	9	1

078

4	8	7	6	3	9	1	2	5
1	6	2	4	5	8	7	3	9
9	5	3	2	7	1	4	6	8
2	7	8	5	4	3	9	1	6
5	9	6	7	1	2	8	4	3
3	1	4	9	8	6	2	5	7
8	4	1	3	9	5	6	7	2
7	2	5	8	6	4	3	9	1
6	3	9	1	2	7	5	8	4

079

3	**1**	**2**	**4**	**9**	6	**7**	**5**	8
8	7	5	1	**3**	2	**6**	4	9
4	**6**	**9**	5	**7**	**8**	**3**	2	**1**
7	**8**	**1**	6	**2**	**4**	5	9	3
5	9	**6**	**8**	**1**	3	**2**	**7**	4
2	3	4	**7**	5	**9**	1	8	6
1	2	3	9	**4**	**5**	**8**	6	**7**
6	**4**	**7**	2	8	1	9	**3**	**5**
9	5	**8**	**3**	6	7	4	1	2

080

5	**3**	8	6	7	**4**	**1**	**2**	**9**
9	1	6	**3**	2	**8**	**7**	5	4
7	**4**	**2**	1	9	5	**3**	6	**8**
8	**2**	**7**	**4**	**6**	3	**9**	1	5
4	**6**	**3**	5	**1**	9	**2**	**8**	7
1	**5**	9	**7**	**8**	2	6	**4**	**3**
2	9	**4**	8	3	6	5	7	1
3	**7**	**5**	**2**	**4**	1	**8**	**9**	**6**
6	8	**1**	9	**5**	7	**4**	3	**2**

081

2	**9**	5	**3**	**6**	**4**	8	7	1
1	3	**8**	9	2	**7**	6	**4**	**5**
7	**6**	**4**	**1**	5	**8**	**9**	3	2
5	**1**	2	**7**	**4**	6	**3**	**9**	8
9	7	6	2	**8**	**3**	**5**	**1**	4
4	**8**	**3**	5	**9**	1	2	**6**	**7**
8	5	**1**	**4**	**3**	**9**	7	**2**	6
3	2	7	6	**1**	5	**4**	**8**	**9**
6	**4**	9	8	7	2	**1**	5	3

082

7	3	8	**6**	**4**	5	9	1	2
5	9	1	**2**	7	**3**	**8**	**4**	**6**
4	6	**2**	**8**	1	**9**	**5**	7	3
2	4	7	**1**	5	**8**	6	3	**9**
6	**5**	**9**	3	**2**	**7**	**1**	**8**	4
1	8	**3**	**4**	9	**6**	**2**	5	7
9	**1**	4	**7**	**8**	**2**	3	6	**5**
3	7	**5**	9	**6**	**1**	4	**2**	8
8	**2**	**6**	**5**	3	**4**	**7**	9	1

083

4	**8**	2	**9**	**3**	**6**	1	**5**	**7**
1	9	**6**	**5**	8	7	**2**	**3**	4
5	7	3	**1**	4	2	9	8	**6**
2	**5**	7	4	6	1	**8**	**9**	3
6	3	8	2	**9**	**5**	**7**	**4**	**1**
9	**4**	1	3	**7**	8	6	**2**	**5**
8	**1**	**5**	6	2	3	4	7	**9**
7	6	9	**8**	**5**	4	**3**	**1**	**2**
3	2	4	**7**	**1**	**9**	**5**	6	8

084

2	**1**	6	9	3	**8**	4	**5**	**7**
4	9	**8**	6	5	**7**	**2**	**3**	**1**
5	**3**	7	2	**1**	**4**	**6**	9	**8**
8	**2**	3	1	6	**9**	**5**	7	**4**
9	6	**4**	3	7	**5**	**8**	1	2
7	5	**1**	8	4	**2**	3	6	**9**
6	7	**9**	**4**	8	3	**1**	2	**5**
1	**8**	2	5	**9**	6	**7**	4	3
3	**4**	5	7	2	**1**	**9**	**8**	**6**

085

8	7	2	6	9	3	4	5	1
3	4	6	2	5	1	9	8	7
1	9	5	7	4	8	3	2	6
6	2	1	8	3	9	5	7	4
5	3	9	1	7	4	2	6	8
7	8	4	5	6	2	1	3	9
2	1	3	9	8	7	6	4	5
4	5	7	3	1	6	8	9	2
9	6	8	4	2	5	7	1	3

086

4	6	1	9	3	7	2	8	5
5	3	2	6	1	8	9	7	4
8	9	7	2	4	5	3	6	1
3	8	5	1	9	2	6	4	7
6	7	4	5	8	3	1	2	9
1	2	9	4	7	6	8	5	3
7	4	6	3	2	9	5	1	8
2	1	3	8	5	4	7	9	6
9	5	8	7	6	1	4	3	2

087

1	6	8	2	9	3	7	4	5
4	9	5	6	7	1	2	8	3
2	3	7	8	5	4	6	1	9
5	1	6	3	2	7	4	9	8
8	7	2	9	4	5	3	6	1
9	4	3	1	8	6	5	2	7
7	5	9	4	1	2	8	3	6
6	2	1	7	3	8	9	5	4
3	8	4	5	6	9	1	7	2

088

3	9	5	4	1	6	7	2	8
1	8	6	2	5	7	9	4	3
7	4	2	3	9	8	5	1	6
9	6	8	7	3	1	2	5	4
4	7	1	5	6	2	3	8	9
5	2	3	9	8	4	6	7	1
8	5	7	6	4	9	1	3	2
6	3	4	1	2	5	8	9	7
2	1	9	8	7	3	4	6	5

089

4	3	6	7	2	9	8	5	1
1	9	7	6	8	5	2	3	4
8	5	2	1	3	4	7	9	6
5	4	8	3	1	6	9	2	7
9	7	1	8	5	2	4	6	3
6	2	3	4	9	7	1	8	5
3	1	9	5	4	8	6	7	2
7	8	4	2	6	3	5	1	9
2	6	5	9	7	1	3	4	8

090

3	7	4	1	5	8	9	2	6
1	2	8	9	3	6	4	5	7
6	9	5	7	4	2	1	3	8
5	1	2	8	7	4	6	9	3
8	4	6	5	9	3	2	7	1
9	3	7	2	6	1	8	4	5
2	6	3	4	8	5	7	1	9
4	8	9	3	1	7	5	6	2
7	5	1	6	2	9	3	8	4

091

9	4	3	5	7	2	6	8	1
8	1	6	9	3	4	2	7	5
7	5	2	8	6	1	3	9	4
1	8	5	4	2	3	7	6	9
3	9	7	6	5	8	1	4	2
2	6	4	7	1	9	5	3	8
6	2	8	3	4	5	9	1	7
5	7	9	1	8	6	4	2	3
4	3	1	2	9	7	8	5	6

092

3	7	6	8	9	5	2	4	1
4	9	1	2	3	6	5	7	8
2	8	5	1	4	7	6	9	3
5	1	4	7	8	3	9	2	6
8	3	9	4	6	2	7	1	5
6	2	7	9	5	1	8	3	4
9	6	3	5	2	4	1	8	7
1	5	2	3	7	8	4	6	9
7	4	8	6	1	9	3	5	2

093

2	9	7	8	1	4	6	3	5
3	5	6	9	2	7	1	8	4
8	1	4	6	3	5	7	2	9
5	4	2	1	7	6	8	9	3
6	8	3	5	9	2	4	1	7
1	7	9	3	4	8	2	5	6
9	2	5	4	6	1	3	7	8
7	6	8	2	5	3	9	4	1
4	3	1	7	8	9	5	6	2

094

2	4	7	3	8	9	5	6	1
1	6	8	4	2	5	7	3	9
5	3	9	1	7	6	4	8	2
6	9	3	2	5	4	8	1	7
7	5	4	9	1	8	6	2	3
8	2	1	6	3	7	9	4	5
3	8	5	7	6	1	2	9	4
9	1	6	5	4	2	3	7	8
4	7	2	8	9	3	1	5	6

095

1	2	4	3	5	6	9	8	7
6	5	9	8	1	7	3	4	2
3	8	7	2	9	4	6	5	1
9	3	1	5	6	2	4	7	8
7	6	5	1	4	8	2	9	3
2	4	8	7	3	9	5	1	6
8	1	6	9	2	5	7	3	4
5	7	2	4	8	3	1	6	9
4	9	3	6	7	1	8	2	5

096

2	4	1	6	8	5	3	7	9
9	6	5	3	7	2	8	4	1
3	7	8	4	1	9	5	2	6
4	8	3	7	5	1	9	6	2
1	2	6	9	3	8	7	5	4
7	5	9	2	4	6	1	3	8
8	3	2	1	6	7	4	9	5
5	9	7	8	2	4	6	1	3
6	1	4	5	9	3	2	8	7

097

2	7	8	1	6	4	5	9	3
4	5	9	3	7	2	8	1	6
6	3	1	8	5	9	2	7	4
3	1	2	7	9	5	4	6	8
9	8	6	2	4	1	7	3	5
7	4	5	6	3	8	1	2	9
1	6	3	5	8	7	9	4	2
8	2	4	9	1	3	6	5	7
5	9	7	4	2	6	3	8	1

098

3	9	8	5	2	7	4	1	6
7	4	5	6	9	1	8	2	3
2	1	6	3	8	4	7	5	9
8	6	7	9	4	2	5	3	1
9	5	1	8	3	6	2	7	4
4	2	3	1	7	5	6	9	8
6	3	4	2	5	9	1	8	7
5	7	9	4	1	8	3	6	2
1	8	2	7	6	3	9	4	5

099

2	1	6	7	3	5	8	4	9
3	4	7	9	8	2	5	6	1
9	5	8	6	4	1	3	7	2
1	6	4	3	7	8	9	2	5
5	8	9	1	2	4	7	3	6
7	3	2	5	6	9	4	1	8
8	9	3	4	1	6	2	5	7
6	7	5	2	9	3	1	8	4
4	2	1	8	5	7	6	9	3

100

2	9	6	5	8	3	4	1	7
5	3	1	2	7	4	9	8	6
7	4	8	6	1	9	2	5	3
3	1	2	9	4	7	8	6	5
9	8	7	3	5	6	1	4	2
4	6	5	8	2	1	3	7	9
1	2	4	7	9	5	6	3	8
8	7	3	1	6	2	5	9	4
6	5	9	4	3	8	7	2	1

101

5	3	6	1	2	9	8	7	4
2	9	7	6	4	8	1	5	3
8	4	1	5	3	7	9	6	2
7	8	2	3	6	5	4	9	1
1	5	3	9	7	4	2	8	6
4	6	9	8	1	2	5	3	7
6	2	8	4	5	3	7	1	9
9	1	4	7	8	6	3	2	5
3	7	5	2	9	1	6	4	8

102

8	5	3	4	6	7	1	2	9
2	1	4	8	5	9	6	3	7
9	6	7	1	3	2	8	5	4
5	8	9	3	1	6	7	4	2
3	4	6	2	7	8	9	1	5
1	7	2	9	4	5	3	6	8
6	9	5	7	2	3	4	8	1
7	3	1	5	8	4	2	9	6
4	2	8	6	9	1	5	7	3

103

7	2	8	3	5	6	9	4	1
4	1	3	9	7	8	5	2	6
9	6	5	4	2	1	3	8	7
2	8	9	6	1	4	7	5	3
6	3	7	8	9	5	4	1	2
5	4	1	7	3	2	8	6	9
1	7	6	5	8	3	2	9	4
3	5	4	2	6	9	1	7	8
8	9	2	1	4	7	6	3	5

104

5	4	7	9	3	1	6	8	2
9	6	1	4	2	8	5	7	3
8	2	3	7	6	5	4	9	1
4	1	2	8	7	3	9	5	6
6	9	8	1	5	4	3	2	7
7	3	5	6	9	2	1	4	8
2	8	9	3	4	6	7	1	5
1	7	6	5	8	9	2	3	4
3	5	4	2	1	7	8	6	9

105

9	7	5	3	1	4	8	6	2
8	1	2	6	9	5	4	7	3
3	6	4	2	8	7	9	1	5
2	3	6	4	7	9	5	8	1
1	8	9	5	3	6	2	4	7
5	4	7	1	2	8	3	9	6
6	5	8	7	4	2	1	3	9
4	2	1	9	6	3	7	5	8
7	9	3	8	5	1	6	2	4

106

7	3	2	8	4	1	9	5	6
6	9	8	5	3	2	1	4	7
4	5	1	6	7	9	3	8	2
5	7	6	4	2	3	8	1	9
3	8	4	9	1	6	7	2	5
1	2	9	7	8	5	6	3	4
2	1	7	3	9	4	5	6	8
8	4	5	1	6	7	2	9	3
9	6	3	2	5	8	4	7	1

107

3	7	5	1	8	6	4	2	9
2	1	8	4	5	9	3	6	7
6	9	4	2	3	7	8	5	1
4	6	7	5	1	3	2	9	8
1	2	9	6	4	8	7	3	5
8	5	3	7	9	2	1	4	6
7	4	2	9	6	1	5	8	3
5	8	6	3	7	4	9	1	2
9	3	1	8	2	5	6	7	4

108

1	3	8	5	7	2	4	6	9
5	7	6	8	9	4	3	1	2
4	9	2	3	1	6	8	7	5
9	1	3	2	5	7	6	8	4
8	6	5	1	4	3	2	9	7
2	4	7	6	8	9	1	5	3
7	8	1	4	2	5	9	3	6
6	2	9	7	3	1	5	4	8
3	5	4	9	6	8	7	2	1

109

3	5	9	2	4	8	6	1	7
7	6	1	9	5	3	4	8	2
2	4	8	7	1	6	9	3	5
9	1	6	8	7	2	3	5	4
5	8	2	6	3	4	7	9	1
4	7	3	5	9	1	2	6	8
8	3	7	1	2	9	5	4	6
6	2	4	3	8	5	1	7	9
1	9	5	4	6	7	8	2	3

110

9	1	2	8	3	6	7	4	5
7	8	3	5	9	4	1	6	2
4	6	5	2	7	1	8	3	9
1	3	9	6	4	2	5	8	7
2	7	4	3	8	5	9	1	6
6	5	8	9	1	7	4	2	3
5	4	7	1	2	3	6	9	8
3	9	6	4	5	8	2	7	1
8	2	1	7	6	9	3	5	4

111

6	7	8	5	9	2	3	1	4
5	4	9	1	6	3	7	2	8
3	1	2	8	4	7	5	9	6
9	8	4	3	5	1	6	7	2
1	2	5	7	8	6	9	4	3
7	6	3	4	2	9	1	8	5
4	9	1	6	3	8	2	5	7
2	5	6	9	7	4	8	3	1
8	3	7	2	1	5	4	6	9

112

6	3	1	4	9	5	2	8	7
9	5	7	1	2	8	4	6	3
2	4	8	6	3	7	1	5	9
7	2	5	3	4	1	6	9	8
1	9	3	8	7	6	5	4	2
8	6	4	9	5	2	7	3	1
4	8	2	5	1	9	3	7	6
3	1	6	7	8	4	9	2	5
5	7	9	2	6	3	8	1	4

113

3	1	9	5	2	7	8	4	6
2	6	8	9	3	4	1	5	7
4	5	7	1	6	8	9	3	2
1	7	5	6	8	2	3	9	4
8	4	2	7	9	3	5	6	1
9	3	6	4	1	5	7	2	8
5	2	4	8	7	9	6	1	3
7	9	1	3	4	6	2	8	5
6	8	3	2	5	1	4	7	9

114

1	4	8	5	7	6	2	3	9
2	9	3	4	8	1	5	7	6
6	5	7	9	2	3	1	8	4
5	2	6	3	9	7	4	1	8
3	7	1	2	4	8	6	9	5
4	8	9	6	1	5	3	2	7
9	1	2	7	5	4	8	6	3
8	6	5	1	3	9	7	4	2
7	3	4	8	6	2	9	5	1

115

1	9	4	3	6	2	7	8	5
7	6	3	4	8	5	1	2	9
5	8	2	9	1	7	3	4	6
9	2	1	8	5	3	4	6	7
4	3	8	2	7	6	5	9	1
6	7	5	1	4	9	2	3	8
3	1	9	7	2	8	6	5	4
8	5	7	6	3	4	9	1	2
2	4	6	5	9	1	8	7	3

116

1	4	6	2	3	7	8	5	9
9	3	8	4	6	5	2	1	7
2	7	5	8	9	1	4	3	6
5	2	1	7	8	6	9	4	3
3	8	4	9	1	2	7	6	5
6	9	7	5	4	3	1	8	2
8	5	2	6	7	4	3	9	1
4	6	3	1	2	9	5	7	8
7	1	9	3	5	8	6	2	4

117

3	5	1	2	7	8	6	4	9
9	2	4	5	1	6	3	7	8
6	7	8	4	9	3	5	1	2
1	9	2	6	3	5	4	8	7
4	6	7	1	8	2	9	5	3
8	3	5	7	4	9	1	2	6
5	4	3	9	2	7	8	6	1
7	1	9	8	6	4	2	3	5
2	8	6	3	5	1	7	9	4

118

5	1	3	8	9	7	6	2	4
6	8	7	3	4	2	5	1	9
4	9	2	5	1	6	7	3	8
8	2	6	9	7	4	3	5	1
9	4	1	2	5	3	8	6	7
3	7	5	1	6	8	4	9	2
7	3	9	4	2	5	1	8	6
2	5	4	6	8	1	9	7	3
1	6	8	7	3	9	2	4	5

119

9	5	6	1	3	8	7	4	2
1	4	3	2	7	9	5	8	6
8	7	2	6	4	5	3	9	1
7	8	1	4	2	6	9	5	3
5	6	4	3	9	1	2	7	8
3	2	9	5	8	7	1	6	4
2	3	8	9	5	4	6	1	7
6	9	7	8	1	3	4	2	5
4	1	5	7	6	2	8	3	9

120

4	5	8	2	1	3	6	9	7
6	1	3	8	7	9	5	2	4
2	9	7	4	5	6	8	3	1
7	8	4	5	3	1	2	6	9
5	6	1	9	4	2	7	8	3
9	3	2	6	8	7	1	4	5
1	7	9	3	6	8	4	5	2
8	2	5	1	9	4	3	7	6
3	4	6	7	2	5	9	1	8

121

5	2	4	3	1	6	9	8	7
6	3	7	5	9	8	2	4	1
9	1	8	7	4	2	3	6	5
4	6	9	1	8	7	5	2	3
8	7	2	6	3	5	1	9	4
3	5	1	4	2	9	8	7	6
1	9	5	8	6	4	7	3	2
7	8	6	2	5	3	4	1	9
2	4	3	9	7	1	6	5	8

122

7	1	8	9	3	5	6	2	4
6	9	5	4	8	2	1	7	3
2	4	3	6	1	7	9	8	5
9	7	4	1	2	6	3	5	8
1	3	2	7	5	8	4	6	9
8	5	6	3	9	4	2	1	7
4	8	1	2	7	3	5	9	6
5	6	9	8	4	1	7	3	2
3	2	7	5	6	9	8	4	1

123

2	3	5	8	7	4	1	6	9
1	7	9	2	5	6	8	4	3
6	8	4	9	3	1	7	2	5
4	9	3	1	8	2	5	7	6
8	5	2	7	6	9	4	3	1
7	6	1	3	4	5	9	8	2
3	1	7	6	9	8	2	5	4
5	2	8	4	1	3	6	9	7
9	4	6	5	2	7	3	1	8

124

2	6	5	3	4	1	7	9	8
1	8	7	2	5	9	3	4	6
9	3	4	7	8	6	2	5	1
6	1	3	8	7	4	5	2	9
4	9	2	6	1	5	8	7	3
7	5	8	9	3	2	6	1	4
3	4	6	1	2	7	9	8	5
8	7	1	5	9	3	4	6	2
5	2	9	4	6	8	1	3	7

125

3	7	9	4	5	8	2	1	6
2	6	8	9	7	1	3	4	5
5	1	4	6	3	2	9	8	7
9	5	3	8	6	4	1	7	2
1	2	7	3	9	5	8	6	4
8	4	6	1	2	7	5	9	3
7	8	1	2	4	3	6	5	9
4	9	2	5	8	6	7	3	1
6	3	5	7	1	9	4	2	8

126

2	1	9	8	5	7	6	4	3
3	4	5	6	2	1	9	7	8
6	7	8	3	4	9	5	2	1
7	3	4	9	1	2	8	6	5
1	5	2	7	8	6	4	3	9
9	8	6	4	3	5	2	1	7
4	6	1	5	7	8	3	9	2
8	9	7	2	6	3	1	5	4
5	2	3	1	9	4	7	8	6

127

8	2	9	4	5	6	3	7	1
4	3	1	2	7	8	5	6	9
7	6	5	9	1	3	8	4	2
6	7	4	5	8	1	9	2	3
1	5	3	7	9	2	6	8	4
2	9	8	6	3	4	7	1	5
3	8	6	1	4	5	2	9	7
9	1	2	3	6	7	4	5	8
5	4	7	8	2	9	1	3	6

128

8	7	4	1	2	6	3	5	9
6	3	5	7	9	4	8	1	2
2	1	9	8	3	5	6	4	7
9	4	3	2	5	1	7	6	8
7	2	6	4	8	3	5	9	1
1	5	8	6	7	9	4	2	3
4	8	7	9	6	2	1	3	5
5	6	2	3	1	8	9	7	4
3	9	1	5	4	7	2	8	6

129

5	3	9	4	7	2	1	8	6
1	7	2	3	8	6	4	5	9
6	4	8	5	1	9	3	2	7
3	5	6	2	4	1	7	9	8
9	1	4	7	6	8	5	3	2
8	2	7	9	5	3	6	1	4
4	8	3	1	9	7	2	6	5
7	6	1	8	2	5	9	4	3
2	9	5	6	3	4	8	7	1

130

3	8	2	4	7	9	1	6	5
6	1	7	3	2	5	4	8	9
9	4	5	6	1	8	3	2	7
4	7	8	1	3	2	9	5	6
2	5	6	7	9	4	8	3	1
1	3	9	5	8	6	7	4	2
5	9	1	2	4	3	6	7	8
7	6	3	8	5	1	2	9	4
8	2	4	9	6	7	5	1	3

131

5	7	3	1	9	8	6	4	2
8	6	9	5	4	2	3	1	7
4	2	1	3	6	7	9	8	5
1	9	2	4	8	5	7	6	3
6	5	8	7	2	3	1	9	4
3	4	7	9	1	6	5	2	8
7	1	4	8	5	9	2	3	6
9	3	6	2	7	4	8	5	1
2	8	5	6	3	1	4	7	9

132

6	7	1	5	8	2	3	9	4
2	3	8	9	7	4	5	1	6
5	9	4	1	6	3	7	2	8
9	6	3	7	4	8	1	5	2
8	1	5	3	2	9	6	4	7
4	2	7	6	5	1	9	8	3
7	8	6	2	9	5	4	3	1
1	5	2	4	3	6	8	7	9
3	4	9	8	1	7	2	6	5

133

5	6	9	3	1	7	8	4	2
7	8	3	5	2	4	6	1	9
4	2	1	8	6	9	5	3	7
6	4	8	9	3	5	7	2	1
9	1	7	2	8	6	4	5	3
3	5	2	7	4	1	9	6	8
8	3	5	6	9	2	1	7	4
2	7	4	1	5	8	3	9	6
1	9	6	4	7	3	2	8	5

134

5	8	1	9	3	4	2	7	6
9	2	6	7	5	1	8	4	3
4	3	7	8	2	6	5	9	1
1	4	5	2	6	3	9	8	7
2	9	8	4	1	7	6	3	5
6	7	3	5	9	8	1	2	4
8	1	2	3	7	5	4	6	9
3	5	4	6	8	9	7	1	2
7	6	9	1	4	2	3	5	8

135

2	7	3	4	8	5	1	6	9
1	5	4	7	9	6	8	3	2
6	9	8	2	1	3	4	5	7
3	8	9	1	6	7	2	4	5
4	1	5	3	2	8	7	9	6
7	6	2	5	4	9	3	8	1
8	4	6	9	7	2	5	1	3
9	3	7	8	5	1	6	2	4
5	2	1	6	3	4	9	7	8

136

3	1	7	9	2	4	6	5	8
2	6	5	3	7	8	4	9	1
8	9	4	5	6	1	2	7	3
4	2	8	6	3	5	7	1	9
1	7	6	8	9	2	5	3	4
5	3	9	4	1	7	8	2	6
7	8	1	2	4	3	9	6	5
9	4	2	1	5	6	3	8	7
6	5	3	7	8	9	1	4	2

137

3	2	5	8	1	7	9	6	4
9	8	7	2	4	6	3	5	1
1	4	6	3	5	9	8	2	7
5	3	1	4	8	2	7	9	6
4	7	8	9	6	5	2	1	3
6	9	2	1	7	3	5	4	8
7	1	3	5	2	4	6	8	9
2	6	4	7	9	8	1	3	5
8	5	9	6	3	1	4	7	2

138

1	4	2	3	6	5	8	9	7
5	9	7	2	8	1	4	6	3
3	8	6	4	7	9	1	2	5
6	2	5	8	1	4	7	3	9
4	3	1	9	2	7	5	8	6
8	7	9	6	5	3	2	1	4
2	5	8	7	9	6	3	4	1
7	6	3	1	4	2	9	5	8
9	1	4	5	3	8	6	7	2

139

1	8	4	9	7	6	5	2	3
2	3	9	8	1	5	7	6	4
5	7	6	2	3	4	9	8	1
7	5	8	6	4	2	1	3	9
9	4	3	7	8	1	2	5	6
6	2	1	5	9	3	4	7	8
4	9	2	3	6	7	8	1	5
3	1	5	4	2	8	6	9	7
8	6	7	1	5	9	3	4	2

140

8	1	9	4	2	6	3	7	5
2	7	3	1	5	9	4	6	8
5	4	6	3	8	7	1	9	2
1	3	4	5	6	2	7	8	9
7	5	2	9	4	8	6	1	3
6	9	8	7	1	3	2	5	4
9	2	5	6	3	1	8	4	7
3	6	7	8	9	4	5	2	1
4	8	1	2	7	5	9	3	6

141

5	1	4	2	9	6	7	3	8
2	6	3	5	7	8	1	9	4
8	9	7	1	3	4	2	5	6
6	2	9	3	1	5	8	4	7
1	3	8	9	4	7	5	6	2
7	4	5	6	8	2	3	1	9
4	8	1	7	6	3	9	2	5
9	7	2	4	5	1	6	8	3
3	5	6	8	2	9	4	7	1

142

7	5	2	9	1	4	3	6	8
6	3	4	2	5	8	7	9	1
9	8	1	6	7	3	4	2	5
1	4	6	5	3	2	8	7	9
8	9	7	4	6	1	5	3	2
5	2	3	7	8	9	1	4	6
4	6	5	8	9	7	2	1	3
2	1	9	3	4	5	6	8	7
3	7	8	1	2	6	9	5	4

143

1	6	4	7	8	2	5	3	9
7	2	3	5	6	9	1	4	8
9	8	5	3	1	4	2	6	7
2	5	6	8	9	1	4	7	3
8	4	7	2	3	5	9	1	6
3	9	1	6	4	7	8	2	5
4	1	8	9	7	3	6	5	2
6	7	2	4	5	8	3	9	1
5	3	9	1	2	6	7	8	4

144

1	3	5	4	2	6	9	7	8
9	6	8	7	1	3	5	2	4
7	4	2	9	5	8	3	1	6
4	8	7	3	9	1	2	6	5
6	9	3	2	4	5	7	8	1
2	5	1	6	8	7	4	9	3
3	1	9	5	6	2	8	4	7
8	7	4	1	3	9	6	5	2
5	2	6	8	7	4	1	3	9

145

9	6	1	2	4	5	8	7	3
5	2	3	9	7	8	4	1	6
4	8	7	6	1	3	9	2	5
8	7	2	1	5	4	3	6	9
6	4	9	3	8	2	1	5	7
3	1	5	7	9	6	2	4	8
1	9	6	4	3	7	5	8	2
7	5	4	8	2	9	6	3	1
2	3	8	5	6	1	7	9	4

146

5	1	8	2	4	9	3	6	7
9	3	7	1	8	6	5	4	2
4	2	6	5	7	3	8	9	1
3	6	4	9	1	5	2	7	8
7	5	1	8	2	4	6	3	9
2	8	9	6	3	7	4	1	5
8	4	3	7	9	2	1	5	6
6	9	2	4	5	1	7	8	3
1	7	5	3	6	8	9	2	4

147

5	1	6	7	9	2	3	8	4
8	7	4	1	3	6	2	9	5
2	9	3	4	8	5	7	6	1
4	2	8	6	1	3	9	5	7
9	3	5	8	2	7	1	4	6
1	6	7	5	4	9	8	2	3
3	5	1	9	6	8	4	7	2
7	8	2	3	5	4	6	1	9
6	4	9	2	7	1	5	3	8

148

1	6	7	8	3	2	4	5	9
3	8	9	7	4	5	2	6	1
2	5	4	6	1	9	3	8	7
9	2	6	5	8	4	7	1	3
7	4	1	3	2	6	8	9	5
5	3	8	1	9	7	6	4	2
4	1	5	2	6	3	9	7	8
6	7	2	9	5	8	1	3	4
8	9	3	4	7	1	5	2	6

149

7	1	2	5	6	8	9	3	4
8	6	4	2	3	9	7	1	5
9	5	3	4	7	1	6	2	8
2	9	6	8	1	3	5	4	7
1	4	5	7	2	6	8	9	3
3	7	8	9	5	4	2	6	1
4	2	7	3	9	5	1	8	6
6	8	9	1	4	7	3	5	2
5	3	1	6	8	2	4	7	9

150

6	1	7	3	9	5	2	8	4
3	8	5	6	4	2	9	1	7
4	2	9	1	8	7	3	5	6
2	9	4	7	1	8	6	3	5
5	7	3	4	2	6	1	9	8
8	6	1	9	5	3	4	7	2
1	3	6	8	7	4	5	2	9
9	5	8	2	6	1	7	4	3
7	4	2	5	3	9	8	6	1

151

6	9	7	2	1	5	3	8	4
5	4	8	6	3	9	2	7	1
2	1	3	7	8	4	6	5	9
7	5	1	8	2	6	4	9	3
9	3	2	4	7	1	5	6	8
8	6	4	9	5	3	1	2	7
1	8	6	5	4	7	9	3	2
3	2	5	1	9	8	7	4	6
4	7	9	3	6	2	8	1	5

152

3	5	7	6	4	8	2	1	9
1	9	8	2	3	5	6	4	7
6	4	2	9	7	1	5	8	3
4	3	5	8	6	2	9	7	1
8	7	9	1	5	3	4	2	6
2	6	1	7	9	4	8	3	5
7	8	3	5	2	6	1	9	4
9	2	6	4	1	7	3	5	8
5	1	4	3	8	9	7	6	2

153

6	9	8	4	1	2	7	3	5
5	7	3	9	6	8	4	2	1
2	4	1	7	5	3	9	8	6
8	5	4	6	2	7	3	1	9
3	2	6	1	4	9	8	5	7
9	1	7	3	8	5	6	4	2
4	8	5	2	7	6	1	9	3
1	6	9	5	3	4	2	7	8
7	3	2	8	9	1	5	6	4